綠色殯葬

Green Funeral

邱達能◎著

「生命關懷事業叢書」總序

　　「仁德醫護管理專科學校」自1967年創校以來，其經營永續校園之發展利基，始終秉持著「仁心德術、博施濟眾」的「人文關懷」信念，作為涵融「理論實務」之「專業化」的核心價值；同時自民國1999年改制專科學制以來，即致力於以推展醫護類科技職體系為本，專業領域涵蓋多元。爾後學校感於「死生亦大矣，而不得與之變；雖天地覆墜，亦將不與之遺。」所謂生命隨化而終，是人生之所必經，卻也是「死者已矣，生者痛哉」的事實；且「養生送死」乃「生之大事」，而「慎終追遠」更是植根於傳統禮教之普遍，遂於2009年設立全國唯一，具特色典範之「生命關懷事業科」，作為「生死教育」、「人文關懷教育」之延展。

　　「生命關懷事業科」設立之初，不但致力於「專業領域」之培育，同時不斷藉由產學合作戮力於殯葬業之改革，先後設立「死亡體驗教室」之「生前教育」，協助學生打破死亡禁忌，培養學生對於「往者」更具「尊重」與對「生者」更具「關懷」的生命價值觀，以為未來專業領域之投入的人文根基；此外更配合政府推動現代化殯葬設施及優質化殯葬服務之政策，推動殯葬從業人員專業化，提升殯葬服務品質，特設立

各種殯葬專業教室，以培養殯葬專業人才。歷經不斷突破與推展七年以來，於生死禁忌之打破、專業人才之培養上，以及相關學術之研究，皆呈初步美好成效，同時集結成《殯葬生死觀》、《綠色殯葬》及《殯葬服務的悲傷輔導》叢書出版，以為未來「他山之石」之用。

《殯葬生死觀》一書（尉遲淦老師），乃就殯葬生死觀的起源、存在意義、推展科學層面，以及基督教、佛教、道教之死生安頓的生死觀，同時與傳統禮俗的殯葬觀合而觀之，進而思考其適切性與現代性。

《綠色殯葬》一書（邱達能老師），主要就「推動環保自然葬、節用土地資源」之層面，就綠色殯葬業的興起作法、思想依據、生死安頓做一系列的探討與研究，同時結合道家莊子「安時處順」的生死觀，及莊子「自然葬」精神之於現代「綠色殯葬」之思想意涵的根源與實務面，做一深層思考。

《殯葬服務的悲傷輔導》一書（鄧明宇老師等），旨就「死者已矣，生者痛哉」之心理層面，針對生者經歷目睹親人、戀人等關係親近者之驟然死亡的創傷事件後，導致出現創傷後壓力症候群（PTSD）的認知與理解，探討禮儀師之於臨終關懷與悲傷輔導的可能性，同時藉由訪談資深殯葬禮儀人員「悲傷輔導」之作用經驗，以及經驗性文本的探討分析，強調「尊重」與「關懷」之實務輔導之於「往者」與「生者」的重要性。

　　所謂學而優則仕，「生命關懷事業科」諸位專業教師，在邱達能主任的帶領下，不但致力於專業領域的教學，同時結合產學合作，推展至「殯葬生死觀」、「綠色殯葬」以及「殯葬服務的悲傷輔導」之學術研究，其成效之於學校教育與社會服務，皆為美事一樁，值得欣慰。

　　爰此，本人特別感謝尉遲淦、邱達能、鄧明宇等教師，之於殯葬學術研究的孜孜矻矻，及揚智編輯群之於此叢書之協助出版；同時期勉「生命關懷事業科」能百尺竿頭持續研究，讓有系統的「殯葬文化」，能隨這套「生命關懷事業叢書」並蒂而生，為學術教育打開一扇窺探「殯葬文化與服務」的明窗。

仁德醫護管理專科學校

校長 黃柏翔 謹誌

自　序

　　自從綠色環保潮流成爲時代顯學之後，幾乎沒有一個行業不配合這樣的潮流。即使是最受禁忌影響的殯葬業，也難以逃脫成爲例外。不過，即使如此，並不表示我們對這個潮流在各行各業的應用已了然於胸。事實上，各行各業在配合的過程中也是逐步摸索。因此，我們在殯葬業身上也看到類似的情形。

　　然而，摸索歸摸索，如果沒有學術研究的配合，那麼這樣的摸索往往是事倍功半的情況。如何縮短摸索的時間，讓這樣的摸索不要陷入瞎子摸象的困境，確實有待學界的配合。身爲國內第一個設立的生命關懷事業科系的負責人，責無旁貸地需要肩負起這樣的責任，使殯葬對於環保潮流的配合能夠恰如其分地完成。

　　爲了完成這個任務，個人不揣淺陋地針對綠色殯葬進行系統性的探討。就個人所知，到目前爲止，有關綠色殯葬的推動是由政府主導、殯葬業界配合。其間，雖有部分的學術研究配合，但基本上都沒有那麼系統和徹底。因此，在推動上遭遇不少的阻力，成果也不若預期之好。

　　現在，爲了讓這樣的推動得以產生更好的效果，讓國人清楚推動綠色殯葬的意義與方向，個人經由一些學術上的系統反

省，希望野人獻曝的結果可以產生一些回響，讓這樣的推動能
夠更加順利，吸引更多學界的研究參與。

　　行文至此，難以免俗地也要謝謝家人、科上夥伴與業界朋
友的支持。如果不是他們的鼓勵與支持，這樣的研究實在難以
堅持下去。此外，如果沒有教育部的經費與學校的積極配合，
這本書的完成也必然有所困難。最後，還要感謝揚智編輯同仁
的協助。如果沒有他們，那麼這本書就很難順利出版。

邱達能 謹序

目　錄

第一章
綠色殯葬的興起

- 工業革命的出現
- 環保問題的產生
- 環保潮流的興起
- 殯葬角度的回應

綠色殯葬

第一節　工業革命的出現

　　從時代發展的趨勢來看，綠色殯葬似乎是現在最夯的殯葬處理方式之一，也是當代「文化的產物」。就當代人而言，若未採取此種最受矚目殯葬方式處理後事，即意味著此人不僅跟不上時代的潮流，也必然無法好好地面對後代的子孫。因為，他對於自己身後事的處理上並沒有站在後代子孫的角度多加設想。因此，如果我們不想遭受後代子孫埋怨的困擾，那麼我們必須配合當代的環保潮流而別無選擇的採取綠色殯葬的處理方式。如此一來，方可謂已善盡為人長輩的神聖傳承責任。

　　然而，何以我們要採取綠色殯葬的處理方式處理喪葬事宜呢？如果我們對這樣的處理方式不求甚解，那麼縱使這樣的處理方式是時代的潮流，也未必具有多大的意義。因為，對現代人而言，實事求是、追根究底的意識至為強烈，任何的決定都務必掌握事物的透明化，讓自己能有充分的了解。捨此則其選擇恐非是一個理性的選擇。既然不是理性的選擇，那麼此項選擇作為即無法讓我們安身立命。對我們而言，此攸關生死品質與生命傳承的安身立命至為重要。因此，我們必須對我們自己的選擇有所自覺。

　　為了達成此目的，我們必須回溯綠色殯葬之成因脈絡？何以綠色殯葬首發於西方而非出現在東方？其實，我們只要深入

歷史即能發現綠色殯葬之出現與環保意識的發展息息相關。若無環保意識之出現與萌發，則當前殯葬業亦不可能提出綠色殯葬的處理方式。至於，何以西方世界會出現環保意識的課題？對於此問題必須讓我們深入到工業革命的興起探求解答。此意謂，若無工業革命之出現，則西方的環保意識即無出現之可能。

　　於此，我們需進一步探究何以工業革命會導致環保意識之出現？意圖尋求此問題答案，我們必須先從什麼是工業革命探討入手。因為任何一門科學，都有其研究對象，只要我們先行掌握住此研究對象之後，即可了解工業革命為世人帶來何種的影響，以及自然的掌握到工業革命何以會導致環保意識出現之理由。由此可知，在探討環保意識之前，我們必須先行了解什麼是工業革命，以及它所帶來的種種影響。

　　首先，我們探討工業革命形成之因。一般而言，若需探索工業革命，則必須先行了解手工業。因為，工業革命的說法係針對手工業而言有其相對性。那麼，究竟手工業何指？簡而言之，即是利用手工製作方式生產產品之行業。由於採用手工的方式製作成品，因此一般都屬於家庭式的生產模式，其產量規模通常都有限。在過去都市化尚未盛行的情況下，此項模式所提供的產能尚足以滿足當時社會所需。然而，隨著地理大發現的來臨，全球性的商業需求越來越大。因此，這樣的生產方式已不敷時代需求。所以，為了滿足更多的社會需求，即必須改

變當時手工業之生產作業模式，積極的追求相關產能的提高。
於是乎，即出現了所謂的工業革命。進一步言之，此亦即是對
傳統手工業的一項革命[1]。

　　不可諱言的，要完成這樣的革命並非如表面所看到的如此
簡易，其仍需種種主客觀條件之配合。如果沒有這些條件的配
合，那麼縱然當時之人意圖完成工業革命亦有其困難度。由此
可見，相關條件之配合至為重要。於其時，最早具足這些條件
的當屬英國。那麼，這些相關條件何指呢？於此，第一個必須
被提出的關鍵條件當屬政治面的變革。何以政治面的變革為首
要論題？因為，若無政治面的變革，則其他層面的變革即推動
不易。因此，作為一切現實的基礎，政治面的變革自當最為優
先。就英國原先之政治體制而言，其仍屬封建專制的體制。雖
然如此，其體制仍然強調國會存在之意義與事實，主張國王的
權力仍需經國會之監督背書。然而，其後由於詹姆士一世和查
理一世父子對國會不尊重的作為，終於導致支持王室的騎士黨
與支持國會的圓顱黨的彼此強烈對決，最終查理一世以叛國罪
被處決，國會獲得最後的勝利。其間，雖然查理一世之子查理
二世一度復辟成功，但在詹姆士二世之時，卻又再度與國會產
生衝突，導致最後的流亡法國，此段過程史稱光榮革命。經由
此次革命，英國政治體制自此步上君主立憲的體制。此後，國

---

[1]請參見維基百科工業革命條目的說明。

家的權力即不再掌握於國王手中，轉而到國會手中，亦即是新興的貴族與地主手中。其後所有的施政作為，若未經國會的同意，即不能推動施行。由此，國王之權力逐步限縮，國會的權力日益擴大，以至於國會成為國家權力的真正主導者[2]。

　　其次，第二個必須被提出的關鍵條件在經濟面的變革[3]。那麼，此與經濟面的變革何涉呢？事實上，若無經濟面的變革，整個社會經濟無論在財產的保障上、資金的籌措和調度上、土地的取得上、人力的獲得上等面向皆會變得異常困難。於此之時，縱使有識者意圖突破，必然陷入心有餘而力不足之境。因此，經濟面的變革亦顯關鍵。在此，我們先行探討財產保障的問題。由於文官制度的建立，國王不得任意徵稅，一旦有任何的增加稅賦的規劃則須通過國會的同意，此制度讓人民的財產取得了法律上的保障。如此一來，資本主義的私有財產制正式建立，提供人民得以放心地自由從事商業活動的條件與契機。

　　除了對私人財物制度提供法律上的保障以外，資金的籌措和調度也至關緊要。若無充沛的資金來源，單憑個人的財力恐不見得有能力滿足工業革命的大筆資金投資和運用。因此，健全資金來源制度的建立即亦顯重要。例如銀行制度的建立以及國家公債的發行，乃至於股票市場和債券市場的發展……，在

---

[2] 請參見王曾才（2015），《世界通史》，頁422-427，台北：三民書局股份有限公司。

[3] 請參見維基百科工業革命條目的說明。

在影響了整體經濟發展的條件。經由這些良善制度的配合，商人於資金的籌措與調度上不虞匱乏，則其無須過多操持，只要用心經營，生意即能日趨壯大。

此外，土地制度的變革亦屬重要關鍵條件。若無妥適土地制度的配合，一旦土地無法有效利用，即使商人有心擴大產量，往往也會因著土地無法配合利用而失去發展的機會。因此，土地制度的變革也占有重要的關鍵地位。原先，英國的土地制度屬於敞地制。每一塊耕作面積都不大，為了善用這些小面積的土地，於耕作時採取三圃制（三田制），把土地分成三塊，其中兩塊先行耕作，第三塊則採取休耕方式，以三年為一期，用輪耕的方式提高土地上農作物的產量。此法固然提高了農作物產量的效果，但第三塊土地於休耕期間無法避免遭到家畜的踐踏，造成了土地的浪費。為了提高土地的利用效率，其後改採圈地政策。迨進入了18世紀，此政策推動益發快速，雖然引致農民的強烈反抗，卻讓土地得以大量集中，無論於糧食產量的增加或工廠用地的取得上皆產生了極大的作用。

另外，人力的供應亦是一個關鍵重點。如果國內人口過於稀少，單單農業所需之勞動力即顯不足，又豈會有能力供應工廠所需的勞動力？因此，基於供應工廠大量勞動力所需，國內人口必須大量增加。所幸，在地理大發現以後，隨著新航路的開發，世界貿易大幅增加，間接的也促成國內人口大幅增加。此時，又因土地圈地運動的影響，趨使許多農民在失去土地的

同時為了能夠繼續生存，無所選擇地前往都市謀生。於是，此股人口遷徙適足以提供了工業革命所需的大量勞動力的供應條件。

最後，我們必須正視科學技術變革的重要關鍵因素[4]。不過，在正式探討科學技術變革之前，我們必須先瞭解專利權的課題。若無專利權的保障，則無法提供發明家放心地創新發明的有利條件，更不可能有最好的發明成果。因為，所發明的成果很有可能很快地被他人所剽竊，無法享受自己應有的成果。為了能夠讓發明家安心地發明創作，確實保障他們的權益，英國國王詹姆士一世於1623年即通過了專利權設立的法案，鼓勵有技術的人放膽從事發明的工作，直接激化了工業革命技術變革生發的作用。

接著，我們著手討論科學技術變革出現的論題。就我們的了解，最初技術變革的出現，純粹只是技術發明的結果，未必見得和科學原理有直接的關聯？如果僅是如此的狀態，那麼工業革命當不至於產生鋪天蓋地的影響力。事實上，由於科學家的加入之後，各項因應時代環境需求的發明於焉產生，其成果已不只是單純的技術發明，更是在新創學理依據下的發明，讓這些發明的成果不僅速度越來越快，其實用性與影響性也越來越深、越廣。

---

[4]請參見維基百科工業革命條目的說明。

在此，我們先行說明工業革命前期技術發展的樣態。起初，影響工業革命的技術發明肇端於1733年英國機械師傅凱伊所發明的飛梭，這個飛梭的最大作用在於提高了織布的速度。由於織布的速度變快，間接導致棉紗的生產量供不應求。為了解決這個問題，於1765年由紡織師傅哈格里夫斯發明了珍妮紡紗機，大幅度地提高了棉紗的產量，也解決了棉紗生產量供不應求的問題。經由這股技術革新，棉紡織業不但成為最早使用機器生產的行業，也為工業革命的發生揭開了序幕。直到1785年，經由瓦特幾度的改良，終於讓蒸汽機變成更加便利的動力提供者。這股發明動力在1800年以後，讓蒸氣動力迅速地普及於世。於1829年，史蒂文生更有突破性的進展，讓蒸汽機成功地應用於鐵路機車的推動上。迨1840年，隨著工廠機器生產的普遍化，它不僅取代了手工業的生產，也讓英國正式成為世界上第一個用機器生產產品的工業化國家。

在了解工業革命的初期技術發展之後，我們接著討論工業革命後期技術發展的情況。我們發現這一階段的發展不只是以機器取代手工，甚至在能源的應用上也有了新的變革。那麼，此項能源的變革究竟為社會帶來哪些驚天動地的重要影響？原來此項變革產出了內燃機這個革命性的機器，由於當時普遍使用的蒸汽機其能源不僅效率不高，在機體結構上亦較為笨重。相對地，內燃機完全不同。它的能源效率不僅高出甚多，其體積也更為輕巧。在體積縮小、裝置方便以及能源效率比較高的

情況下，它所適用的範圍更爲寬廣，也因此促使工業革命進入第二個階段[5]。

　　就時間而言，此階段發展應用於1870年到1914年間。但對於這樣的變革所帶來的關鍵影響，仍需回溯到1821年丹麥物理學家奧斯特所發現的電流磁效應，以及1831年英國科學家法拉第所發現的電磁感應的現象。在這兩項電學的基礎上，提供了德國科學家西門子在1866年發明發電機的基礎與機會。其後幾經改良，1870年，比利時科學家格拉姆更進一步研發出實際可用的發電機，讓電能可以和機械能互換。自此以後，電力不但開始用來帶動機器，也逐漸取代蒸汽動力。此外，到了1858年，作爲新機器製造基本材料的鋼鐵，經過貝塞麥鋼鐵煉製法的引進，使得鋼鐵可以用低成本大產量的方式生產。至於內燃機，也在1862年由法國人德羅夏提出四衝程理論，經過一、二十年的努力，終於製成以煤氣、汽油和柴油爲燃料的內燃機。不僅大大提高工業部門的生產力，也爲交通運輸的革新帶來了新的契機。在1885年，由德國工程師卡爾‧本茨發明了人類第一部改變移動方式的汽車。另外，在通訊傳播的領域，1837年，美國的摩斯發明了電報機。到了1876年，美國人貝爾發明了電話。德國物理學家赫茲則在1888年發現了電磁波，爲無線通訊奠定了科學基礎。1903年，美國人萊特兄弟更發明了

---

[5]請參見維基百科第二次工業革命條目說明。

現代飛機。最後，科學家還從煤和石油等原料中提煉出多種化學物質，以此爲工業原料製成染料、塑料、藥品、炸藥及人造纖維，大大推動了化學工業的發展。

經過上述簡要的探討，我們大致了解工業革命之所以出現的主要理由。至此，我們可以對工業革命下一個簡單的定義，即是透過科學技術的革命，經由機器的運用及能源的改變，讓人類的生產與消費模式不再受限於本國，而可以擴大到全世界，在大量使用自然資源的情況下生產製造全世界所需的產品，供應全世界。

 第二節　環保問題的產生

在了解工業革命之所以出現的理由及其意義之後，我們接著探討工業革命所帶來影響的問題。何以我們需進一步探討此問題？這是因爲工業革命對我們的影響極大，其產生的影響至今仍留存在當前的社會當中。正因爲今日人民的生存與生活仍然受到工業革命帶來的深刻影響，讓我們不得不進一步探討工業革命的影響問題。

那麼，究竟工業革命對我們的影響有哪些呢？就我們的理解，首先須探討人口的問題。因爲，在工業革命之前，人口

的成長速度極為緩慢。之所以如此，主要係受到當時疾病、饑餓與戰爭的影響所致。人們只要一不小心，極可能即會死於非命。因此，想要活得長壽並非易事，更非人力所能掌控之事。然而，歷經工業革命以後，亦即18世紀之後，整體情況大有轉變。其中，糧食產量的大增為主要因素，再加上公共衛生與醫藥的進步，以及交通運輸條件的改善等條件因素的到位，在在大幅地降低當時的死亡率，人口亦因此而得以大幅增加。在此情況發展下，整個歐洲的人口從1650年的將近一億人，迅速成長到1800年的一億八千七百萬人，增幅接近一倍。就當時全世界的人口來看，此時歐洲的人口即占了全世界的三分之一強[6]。

　　不僅如此，當時除了人口有大幅成長之外，工業革命也帶來都市興起的必然趨勢。過去，在工業革命之前，亦即在1700年代，英國人口主要集中在南部地區，當時超過十萬人口的都市也只有一個而已。然而，在工業革命之後，亦即在1911年之際，當時超過十萬人口的都市即由一個增加到三十個以上，成長數以數十倍論計，其成果令人側目。同樣地，地理位置周邊的德國亦有類似的發展境況。就德國而言，1840年超過十萬人口的都市僅有兩個，但到1910年超過十萬人口的都市即迅速成長到四十餘個。至於超過二十萬人口以上的都市，整個歐洲在

---

[6]請參見王曾才（2015），《世界通史》，頁444。

1815年尚不足十二個。但是，迨1960年代即迅速成長到兩百個以上之數[7]。

由此可知，工業革命不只帶來人口大量的增加而已，尚且進一步把人口集中到都市，並創造了與傳統型態迥異的新都市文明。

其次，我們探討社會階層改變的問題。過去，於工業革命之前，歐洲社會仍多屬於農業型態社會，多數的人們皆以農耕為生。因此，除了少數的王公貴族與資產階級以外，多數的人們仍屬於農民階級。然而，工業革命以後，由於原先農村失業人口大量地湧進都市，幾乎皆投入了工廠而謀生於在都市當中，也因此而形成了新的勞動階級。他們既無恆產，亦無知識，單憑工資維生。起初，他們受到資本家的剝削，不僅無法獲得公平的待遇，亦無能力為自己爭取權益。其後，由於大家在不滿資本家的剝削情況下，這些新的勞動階級於是產生集體行動，積極地尋求解決之道，直到十九世紀後半期，於焉成立了工會組織，在法律的保障底下合法維護自己的權益[8]。

除了勞動階級的出現外，中產階級的興起亦是影響工業革命進程的重要關鍵因素之一。因為，工業革命初期，所謂資產階級指的既非貴族教士、亦非農業工匠，而是工業資本家（工

---

[7]請參見王曾才（2015），《世界通史》，頁444。
[8]請參見王曾才（2015），《世界通史》，頁445。

廠、礦山及鐵路的擁有者）、商人、銀行家、專業人士（律師和醫生等等），以及高層的管理以及技術人士等對象。當時這些資產階級雖然事業成功且多金，能參與推動各種改革的活動，但卻無參政的權力，不能爲自己的權益發聲。但是，到20世紀中葉之後，由資產階級當中衍生了新興的中產階級，此新興的中產階級指的是高度工業化和商業化以後的服務業從業人員，這些人員包括：銀行、保險、會計、運輸、通訊、資料處理、廣告、零售批發、營造、設計、工程、管理、房地產經紀、專業服務（如律師、會計師、醫師等等）、娛樂、保健服務人員、工業銷售部門人員、行政人員及教育人員等人士。這些人員大多數受過良好的教育與訓練，雖然只是受薪階級，卻擁有自己的尊嚴、財富和權益，一般通稱其爲白領階級。相對從事勞動工作之人即被稱爲藍領階級。不過，在工業化程度益爲發達之國家，由於自動化生產的效益，這些藍領階級亦逐漸脫離勞動的身分而成爲管理者，搖身一變晉身成爲白領階級。由此脈絡之發展，我們發現高度工業化的國家其藍領階級越來越少以及白領階級越來越多之趨勢，此後中產階級逐成爲一般社會大眾對職業自稱的特有名詞，代表的是整個社會構成的主要成員角色[9]。

　　依次，我們探討資本主義制度興起的問題。過去，在工業

---

[9]請參見王曾才（2015），《世界通史》，頁445-446。

革命之前，一般的資本活動若非操控於土地貴族之手，即被掌握於高層的資產階級當中，其經營本質不脫於傳統的農業與商業行為。但在工業革命以後，由於生產設備非一般人所能擁有，亦非家庭所能經營，因此而出現了集資本、機械、原料及工人於一體的工廠組織。但是到19世紀中葉之後，受到工廠規模日益擴大、分工日趨精細、機械設備日益複雜昂貴的影響，原先之工廠組織已然無法負荷商業經營的壓力，遂出現大型合股公司以為因應。此類合股公司有其發展特點：其一在發行證券募集資本，投資者得以透過銀行或證券交易所投資；其二在僱用專業經理人負責經營；其三對於經營所得利潤利用付息或分配紅利的辦法分配。英國是最早通過「合股公司條例」商業經營模式的國家，其於1844年即規定合股公司對資本的責任有其限度，因此所組成之公司即稱做責任有限公司。自此之後，近代型態的資本主義制度於焉誕生[10]。

　　經由前述資本社會發展的集資與發展過程，毫無意外的各工業國家乃迅速累積了大量的資本。為了讓這些資本能夠創造更大的效益，因此投資者即突破了國界地理的限制，積極尋找各種能創造利益的投資管道，統整世界各地的資源，生產各種產品銷售到全世界，進一步促成了世界經濟體系發展的基礎與條件。殊不知，卻因全世界以資本市場過度利用自然資源發

---

[10]請參見王曾才（2015），《世界通史》，頁443。

展經濟的狀況，讓自然資源的存量逐漸出現危機。不僅如此，此種過度生產與消費的現象亦同時讓地球的環境遭受嚴重的破壞，形成今天全球的環境問題。以下，我們試舉一些例子說明。

　　例如工業革命對水資源的破壞，英國倫敦的泰晤士河即是一個明顯的例子，日本的富山事件亦是另外一個深受世人關注的案例。首先，我們以泰晤士河的例子言之，在工業革命之前，泰晤士河是一條乾淨沒有汙染的著名河流。然而，拜工業革命之賜，當時如雨後春筍蓬勃發展的工廠，考量水力能源的有效利用，優先選擇於河流兩岸興建營運。此時，不僅工廠排出的廢水直接排放於河流當中，連同各種生活垃圾與其他工業廢棄物皆一併排放之河流中。每至暑夏期間，除了河水本身變綠、冒泡、奇臭難聞之外，往往因易於孳生之諸多細菌，造成瘟疫疾病的流行，對當時居住在泰晤士河旁邊的倫敦居民帶來極大的身體健康威脅[11]。

　　次就日本的富山事件論之，日本著名的三井金屬礦業公司於1950年代正式設廠經營。在此之前，富山平原的神通川上游十分乾淨、完全沒有汙染。但在三井金屬礦業公司設立煉鋅廠之後，神通川即受到煉鋅廠所排放含有金屬鎘的廢水嚴重汙

---

[11]請參見張珊珊，〈英國工業革命帶來的負效應〉，2013年5月14日，《吉林日報》，人民網。

染，由於當地農民以此水域之水用來灌溉農田，使得當地所生產的稻米含有高濃度鎘的成分。結果造成許多食用當地稻米以及飲用這些含鎘的水的人中毒，中毒者不僅全身疼痛，甚至直接導致死亡。據統計，自1963年至1968年5月，當地確診的病患共有258人，死亡人數則高達128人，造成當地社會的嚴重恐慌[12]。

又如工業革命對空氣所帶來的汙染，英國曼徹斯特即是一個著名的例子，倫敦的煙霧事件亦是另外一個明顯的案例。先舉曼徹斯特之案例論之，在工業革命之前，曼徹斯特可謂風光明媚、處處充滿怡人的田園景色。但在工業革命之後，曼徹斯特的景色愕然慘變。非但綠草如茵與藍天白雲不再，還到處黑濛濛一片，恍若黑鄉一般。究其因，工廠排放之黑煙與汽車排放之廢氣為其首惡。當時所產生的空氣汙染物並無今日的環保管制，而是任由時下之環境毫無限制的排放。如此一來，不僅當地的空氣遭受嚴重的破壞，也形成了不宜人居的惡劣環境。

次就倫敦的煙霧事件言之，倫敦歷來享有霧都美名之稱，其特有的霧境並沒有對人的呼吸系統產生嚴重的影響。但於1952年12月的5日到8日間，卻出現了令人恐懼的現象，不僅讓許多人罹患呼吸系統的疾病，更造成了四千多人死亡的慘劇。

---

[12] 請參見左左，〈日本重金屬汙染事件啓示錄〉，2013年6月2日，《羊城晚報》，金羊網。

此後的兩個月內，又相繼死亡八千多人。經過當地國家衛生單位的調查，發現問題來自空氣中的微塵顆粒和二氧化硫的有毒物質含量過高所致。此項慘痛經驗之教訓，逼使英國政府重新檢視當地工廠以及汽車黑煙與廢氣排放的管制要求[13]。

第三節　環保潮流的興起

對於上述環境汙染與破壞的問題，如果從今天環保人士的認知態度來看，應該立即被口誅筆伐甚至圍廠抗議、包圍公署才是。可是，當年出現的狀況並非如此。之所以如此，一方面固然是當時的民眾浸淫在經濟發展的美景當中，並未真切反省人們是否可以承受環境遭受破壞的後果；另一方面他們並未意識到環境所遭受的汙染與破壞全然是工業革命所帶來的結果，或直觀認定是其他原因所造成。於是，在這種輕忽問題的心態作用下，工業革命可能帶來的負面影響即失去被正視的機會。雖然如此，但無所逃避的問題終究是一個存在的問題，並不會因為不被正視而消失或不會發生。因此，工業革命對於環境汙染與破壞的問題，終於在1962年重新浮上檯面，迫使人們不得不去面對它。

---

[13] 請參見自然之友，〈英國倫敦煙霧事件〉，2001年12月7日，摘自《20世紀環境警示錄》，人民網。

　　那麼，何以到了1962年人們即非得面對此問題不可？根據我們的了解，係因1962年有位美國的生物學家瑞秋・卡森（Rachel Carson, 1907-1964）出版了一本名叫做《寂靜的春天》[14]的專書。當時，該書一出版即引起社會大眾普遍的關注。之所以如此，是因為她在書中清楚且有系統地敘述了殺蟲劑DDT對生態環境影響的始末[15]。何以她書中敘述的論題會引起社會大眾普遍的關心與矚目？其實，理由簡單不過，亦即是她簡單平易地把她所觀察到的環境變化據實告訴大家，並讓大家清楚這樣的變化是如何生成？

　　就她書中的論述而言，她並非一開始即警覺到這樣的問題。實際上，她之所以警覺到這樣的問題，是受到友人荷金絲請託的結果。當時，荷金絲在麻州的鳥類保育所負責照顧鳥類，她發現這些鳥類因受到飛機噴灑的DDT的影響紛紛中毒。為了保護這些鳥類的生命安全，荷金絲遂委託卡森向化學界施壓，要求他們不要再繼續濫用DDT。不過，卡森非常清楚如果要說服這些化學界和產業界的人，那麼她就必須提出非常強而有力的證據，讓他們完全沒有反駁的餘地。於是，在努力蒐集

---

[14] 請參見瑞秋・卡森（Rachel Carson）著，李文昭譯（2013），《寂靜的春天》，台中：晨星出版有限公司。

[15] 「隨著殺害動物的習慣逐漸養成──即「根絕」所有令人討厭或使人不便的生物，鳥類已漸漸變為農藥的直接目標，而非間接受害者。現有一種趨勢，是從空中噴灑致命的藥物，如巴拉松，以控制農夫不喜歡的鳥類數量。……」請參見瑞秋・卡森著，李文昭譯，《寂靜的春天》，頁151。

DDT對環境危害的證據之後，乃於1962年出版了《寂靜的春天》一書。

　　然而，料想不到的是，當她的書完成後第一時間非但沒有得到普羅大眾的支持，反倒是她書中的報導卻引起當時許多化學家和產業人士的攻訐。那麼，何以她會招致那些特定人士的攻訐呢？其中，最主要的理由在其報導將會影響到他們的生意。因為，如果她的報導屬實無誤，那麼他們的產品可能將不會再繼續被人們使用。這麼一來，他們即會面臨龐大的利益損失。所以，在維護自己利益的考量下，他們非攻訐卡森不可，除非她能證明自己的報導確實無誤，否則就不該如此的危言聳聽。

　　就在彼此角力的過程中，當時的總統甘迺迪也注意到這件事情的風波。於是，下令「科學顧問團」進行調查，主動透過公權力尋找事實的真相為何？究竟是卡森報導為真，抑或是化學家所主張的方是正確？經過調查的結果，證據顯示卡森的說法無誤，DDT確實對生態環境帶來極大的破壞[16]。為了避免

---

[16]就今日生態環境的反省，過度的使用殺蟲劑亦會透過反饋循環造成整體環境的影響，因為殺蟲劑往往只消滅抵抗力弱小的蟲害而留下抵抗力強的蟲害，後者會擴大繁殖來填充死去害蟲的空缺。於是人們就施用更大量的藥劑以消滅更大量的抵抗力強的害蟲。這一進程不斷重複。不久，要消滅同等數量的害蟲，就必須把巨量的殺蟲劑灑在農作物上。結果，害蟲更加強壯，而使我們遭受損害的殺蟲劑數量持續不斷地增加，最終造成人類社會的毀滅。請參見阿爾·戈爾著，陳嘉映等譯，《瀕臨失衡的地球——生態與人類精神》，頁32。

DDT繼續破壞美國的生態環境，於是甘迺迪總統最終立法禁止DDT的使用。就生態環境的保護而言，此項對DDT立法禁止繼續破壞生態環境的作為，是人類第一次對自己生存的環境付出努力的結果，亦正式宣告環境保護時代的來臨。

遺憾的是，雖然卡森開了環境保護的第一槍，但仍未能確保此後環境保護即已成為人們的共識。事實上，意圖讓人們強化環境保護思想並能有效推展並非易事。因為，終究環境保護與經濟發展仍是相互衝突對立，無法同步並進。若需兼顧保護環境，則須犧牲經濟的發展。反之，若需發展經濟，則不得不犧牲環境的保護。當這種衝突尚未找到一個合適的解決方案之前，人們總是掙扎於這種衝突之中，以至於延宕整個社會對環境保護思想的推廣。

不過，這種延宕僅是一時的現象而已，最終仍是無法阻止環境保護思想成為時代之潮流。因為，對人們而言，經濟發展固然是直接影響國計民生的要務。但此民生要務之重要性仍不能凌駕於生存環境之上。畢竟，一旦此種重要性凌駕於生存環境之上，則人們的生存即將面臨嚴重的威脅。此時，人們必然思考到底發展經濟與維護生存孰重？為了確保人類永續生存之需，人們最終仍將採取捨經濟就環保的作為。基於如此思考與抉擇的脈絡，毫無疑問的環境保護的思想最終仍將是我們這個時代的主流。

果不其然，環境保護思想成為其後發展的主流趨勢，如

1972年，聯合國人類環境會議於瑞典斯德哥爾摩首度召開，當時參加的國家高達133個，出席代表1,300多人，盛況空前。此為有史以來討論環保議題最大的盛會，亦是人類史上第一次召開的國際性環保大會。於會議中，經過各國代表熱烈的發言討論，最終通過《聯合國人類環境會議宣言》（簡稱《人類環境宣言》或《斯德哥爾摩宣言》）和《行動計劃》，終結了長久以來人類對環境應用的傳統自私觀念，達成「地球只有一個」以及「人類和環境是密不可分的共同體」的共識[17]。其後，賡續成立了聯合國環境規劃署，總部設在肯亞首都內羅畢。如此歷經十年，於1982年，再度於內羅畢舉行人類環境特別會議，進一步發表了《內羅畢宣言》。直到1992年，再度於巴西里約熱內盧召開聯合國環境與發展大會，發表了《里約環境與發展宣言》[18]，會議中簽署了防止全球氣候暖化的《氣候變化框架公約》和推動保護動物多樣性的《生物多樣性公約》。而以上三個宣言，即成為人類於二十世紀所提出攸關保護地球環境最為重要的三大宣言。由此可見，環境保護確實已然成為本世紀全球的主要潮流之一。

---

[17]請參見維基文庫的聯合國人類環境宣言條目。
[18]請參見維基百科里約環境與發展宣言條目。

第四節　殯葬角度的回應

　　環境保護思想一旦成為時代的主要潮流之後，其勢沛然莫能禦之，無論是什麼樣的人或什麼樣的行業皆難以逃離這樣的要求。雖然仍有少部分的人或行業並非真心配合這樣的要求，但在為地球盡一分心力或留給後代子孫一個好的環境的口號下，也不得不勉為其難地配合。如果人們無心或無意配合，但在這種氛圍底下恐亦無法任意為之。因此，在生存壓力的威脅下，無論是個人或行業都只好盡力配合這樣的要求，無形當中這樣的要求即變成一種全民的運動。

　　當環保運動變成全民運動之後，隸屬於行業類別之一的殯葬業亦被迫須配合這項要求。不過，此種被迫起初所表現出來的並非是一種不得已的狀態，而是一種為了跟上時代潮流的時髦而已。對殯葬業而言，該行業本即是所有行業中被社會所認知最末端的行業之一。一般而言，如果社會有任何新的流行，則最後方知覺者必將屬於是殯葬業。換言之，殯葬業一般幾乎是被排斥於社會之外者。因此，若有殯葬業者可以跟上時代潮流的作為，則此類的改變必然將遭受社會之高度關注與嘖嘖稱奇。因此，基於能夠吸引社會大眾目光的需要，自然而然有具前瞻意識的殯葬業者嘗試把殯葬環保化當成一個最佳的行銷賣點。

　　例如英國的殯葬業者，可謂是最早嗅到這項需求的業者，他們於1993年即創設了全球第一個現代化的自然葬墓地，亦即是綠色殯葬墓地，該墓地採取以林地埋葬為主，它位於卡萊爾公墓，又稱為林地墓區。不僅如此，英國的殯葬業者於1994年另行由自然死亡中心成立自然埋葬墓地協會。為了讓所有的參與者皆能清楚自然埋葬之規則，他們更進一步出版自然死亡手冊，積極的推廣這個觀念與做法。發展迄今，全英國這個類型的環保墓地已然接近三百個之數[19]。

　　不過，行銷歸行銷，賣點歸賣點，未必整個殯葬行業皆有共識一致跟著往環保化的方向走。事實上，對一般殯葬業者而言，他們大部分皆認為這些的做法充其量不過是一種行銷的噱頭而已，無須一昧的跟隨。如果此種想法繼續蔓延發展，則整個殯葬業意圖往環保化的方向前進必然困難重重。因為，殯葬業非但是所有產業中最末端的行業，更是所有產業中最為保守的行業。期待殯葬業能走在時代的前端，事實上還真有緣木求魚之窘。

　　就此而言，似乎殯葬業並不會回應時代之要求。表面觀之，情況似乎如此。然而，我們不可忽略另一個事實，畢竟影響殯葬業走向的因素並不只有殯葬業者自身而已，尚包括政府對於殯葬的政策。如果政府的殯葬政策著手往環保化的方向推

---

[19]請參見維基百科生態葬條目說明。

動，縱使殯葬業者無意配合但最終仍不得不配合。因為，政府部門的這項政策作為不是一種沒有配套措施的簡單式的行政命令而已，而是與殯葬業的評鑑業務直接連結。因此，當殯葬環保化正式成為政府的政策時，殯葬業者無從選擇只能完全的配合。就此點而言，政府的政策走向已然成為殯葬環保化最大的動力來源與關鍵因素。

例如在今日的台灣，原本殯葬業者對於環保自然葬（綠色殯葬）可說是興趣缺缺，甚至於沒有任何的概念。但是，到了2002年之際，由於我國「殯葬管理條例」立法的通過實施，使得殯葬業開始提高意識與興趣。因為，條例中明白規定環保自然葬將是政府未來施政的重點[20]。如果殯葬業者不予配合，很有可能在未來的經營上將遭遇環保消費的阻力與衝擊。因此，為了因應未來永續經營的需求，即有部分的殯葬業者開始配合政府政策的要求，積極地推出與環保自然葬相關的作為。

話雖如此，但不可諱言，如果徒有政府的政策要求，那麼殯葬業者往往僅僅是表面的配合而已，並不可能長期執行下去。其中，最主要的理由在於，殯葬業者純然以利益為首要考量，如果沒有消費者的認可，任何的配合皆會失去商業的誘因。因此，消費者的認知態度也成為殯葬業者是否能長期配合政府政策執行另一項重要的關鍵。所幸，現在已是一個環保的

---

[20] 內政部編印（2004），《殯葬管理條例法令彙編》，頁1，台北：內政部。

時代，消費者在長期環保化作爲的薰陶下也都具有相當深刻的環保意識。在此種意識的要求下，人們皆知道對環保配合的重要性。因此，在消費環保化的認知下，消費者對於殯葬的環保化也具有相當程度的認知與配合。

　　例如從2002年政府開始推動環保自然葬算起，迄今已有十四年的推動歷程。在此十四年的推動歷程當中，我們發現起初只有少數殯葬業者眞正的配合，其後方有殯葬業者陸陸續續的加入配合的行列。之所以如此，並非殯葬業者主動積極的配合[21]，而是客觀的要求不得不爾。一方面固然是政府業務主管部門在相關評鑑措施上施加應有的力道，一方面則是消費者在政府大力宣傳與推動下逐漸意識到對環保自然葬配合的必要。於是，在此雙重壓力引導下，殯葬業者在其服務的作爲上只好不斷地朝綠色殯葬的方向前進。

---

[21]因爲殯葬業者如果主動配合的結果，在墓地需求的減少下，以及殯儀用品的簡化下，那麼他們的利益可能就會蒙受巨大的損失。所以，站在服務是爲了營利的立場上，他們當然不可能予以太過主動的配合。

第二章
綠色殯葬的意義與做法

- 綠色殯葬的由來
- 綠色殯葬的表層意義
- 綠色殯葬的深層意義
- 綠色殯葬的具體做法

第一節　綠色殯葬的由來

　　對今天的人們而言，如果沒有更多更清楚的訊息來源，恐怕皆會認為綠色殯葬是目前最流行的葬法。之所以如此，是因為人們只看到政府現在在推動的法令政策。然而，何以政府需要推動這些政策？此法令政策背後所隱藏的想法是否與其人所認知的一般？對於這個問題，人們必然欠缺深究的興趣。但是，對我們而言，此項深究實有其必要。因為，如果人們對於這個問題沒有深入的了解，那麼一旦綠色殯葬不再流行之時，人們即會自然而然地放棄選擇綠色殯葬。因此，為了讓人們清楚了解這項選擇不應該只是一種流行而已，應該要有更深刻的理由，我們認為確實有必要進一步探討這個問題。

　　既是如此，究竟政府為何積極的推動綠色殯葬呢？表面觀之，推動綠色殯葬是對時代潮流的一項回應。但對現代人而言，其所生存的環境已然或多或少受到工業發展所帶來汙染的影響。如果人們不再關注環境汙染所帶來的問題，那麼很有可

能我們未來即無法擁有一個可以安身立命的生存環境[1]。因此，
為了讓自己未來能夠享有一個可以安身立命的生存環境，我們
必須認真關注環保的問題。根據這樣的生存要求，當我們在面
對生活的各個層面時，必然會採取一致的態度，認同所有不同
的層面皆必須配合環保的要求。也就是在此認知的要求下，讓
現在的葬法不得不往綠色殯葬的方向發展邁進。

　可是，這樣的理解果真是政府推動綠色殯葬最主要之理
由？實言之，此課題的確有待我們更為深入的探究。就我們的
了解，政府之所以推動綠色殯葬有其自身的發展脈絡。如果沒
有這個發展脈絡的作用，那麼政府在制定殯葬政策時未必一定
會走向綠色殯葬。那麼，此脈絡何指？根據我們的了解，此脈
絡基本上必然與土地利用息息相關。對政府而言，土地利用有
其優先順序。既然有優先順序，那麼在土地利用上即須考慮其
先後順序。如果殯葬被視為優先，則其於土地利用上即須先行
考慮殯葬之使用需求。若非是如此，則其於土地利用上即無法
取得優先的需求考量順位。因此，有關土地利用的先後順序必
將影響殯葬政策的走向。

---

[1] 這表示人們已意識到環保的重要性，以及尋求對生態危機的解決之道的迫
切性，學者沈清松對此也提出深刻的反省：「環境的危機既然是始自人的心
中，也應自心靈做起，藉以終止此一危機。換言之，當前環境的各種危機是
始自人類心的貪得無厭、濫用自然、宰制自然。」請參見沈清松（1997），
《論心靈與自然關係之重建》，頁3-4，台北：立緒文化出版。

　　根據這樣的脈絡，我們重新檢視我國政府殯葬政策的歷程演變。早期，於土葬盛行之時，由於受到都市化的影響，開始出現土地利用的問題。由於都市土地一地難求極為有限，相對土葬卻需占用極大的土地。如果長此以往，則有限的土地必然浪費於殯葬上面。原本，於死者為大的考慮下，土葬對於土地的浪費亦屬情有可原萬不得已之事。尤其根深柢固的風水吉地得以庇佑子孫的傳統庶民思維，更讓我們無視於土葬於土地之浪費[2]。然而，問題並非如此單純。因為，一旦都市開始發展之後，人們對於土地利用的考慮即不再停留在死者為大以及對於子孫是否有所庇佑的角度，而是以攸關龐大經濟利益的商業發展為首要考量。如果相關土地利用的價值無助於商業發展的促進，則此考慮即不被列入接受的範圍。反之，若此土地利用的考慮可以促進商業的發展，則此考慮必將被列入接受的範圍。因此，是否能促進商業的發展即成為都市中土地利用最為關鍵的原則。

　　基於前項的思考，於是政府開始對於土葬做出種種的限制。例如對於濫葬的現象不再採取放任的態度，開始積極的以法律介入；對於亂葬的現象也開始訴諸法律，規範葬地的面積大小。於是在此方向的思考作用下，促使墳墓設置管理條例於1983年應運而生。但是，由於當時死亡人數不多，對都市土地

---

[2]楊樹達（2009），《漢代婚喪禮俗考》，頁81，上海：上海古籍出版社。

的利用也尚無重大的壓力。因此，政府僅僅是把重點放在土葬的管理層面上。不過，到1990年之後，隨著台灣經濟的突飛猛進，政府發現都市土地的利用日趨緊張，尤其是大台北地區的土地，簡直是寸土寸金。如果不能有效予以紓解，必然影響整個首善之區的都市發展。因此，爲了紓解這股壓力，政府於是提出火化塔葬的政策，希望藉由這個新的政策提出能有效的化解土地利用的壓力。

持平言之，火化塔葬的政策提出確實也有效的爲政府化解了土地利用的壓力。但是，實施這個政策所發揮的化解效益卻只是屬於一時性的化解，並沒有一勞永逸的完全解決土地利用的問題[3]。相反地，在化解的同時又爲政府製造了另外一個新的問題。例如當塔葬越來越多時，爲了滿足塔葬的需求，政府和民間自然而然想方設法來增建更多的納骨堂塔來滿足需求。殊不知，不斷增建的結果卻讓更多的土地被變更爲殯葬用地，而無法做爲對整體國家經濟效益更具效益的商業用地使用。基本上，這樣的使用方式的確有違都市發展的用地原則。如果政府不想陷入此項違反用地原則的困境，那麼自當積極的尋找替代方案，想辦法讓這種違反用地原則的葬法逐漸被取代，正如過

---

[3] 火化土葬或火化進塔的做法，嚴格來說不但無法徹底解決土地資源有限問題，也無法正視火葬本身可能實現的最大意義。請參見尉遲淦（2003），《生命尊嚴與殯葬改革》，頁87，台北：五南圖書出版公司。

去用塔葬取代土葬般的做法[4]。

面對當時這種土地利用的困境，政府理當如何尋找新的葬法予以有效化解呢？平心而論，如果政府僅僅採取頭痛醫頭腳痛醫腳的因應策略如同過去般，其結果可想而知，必然無法有效的化解這些困境。例如對於塔葬的土地利用予以最大化，任意的採取加高塔葬的樓數或減少塔位的單位面積等作為。但是，無論政府再怎麼加高塔葬樓層、減少塔位面積，這樣的加高和減少終究還是需要使用到土地。就此點而言，這樣的使用事實上也都是違反了都市用地的最高原則。因此，對於土地的利用最好的方式即是讓殯葬不再使用到土地。如果要做到這一點，我們必須找到一種不會使用到土地的葬法。

就政府的立場而言，如何找到一種既能符合土地利用原則又不需要使用到土地的葬法呢？一般而言，最直接的方式莫不過是從傳統中去尋找。例如像取代土葬的塔葬，即是師法傳統佛教作為的最佳結果。問題是，要找到比塔葬更具效益且無須用到土地的葬法並非易事。例如西藏的天葬雖然是一個合乎此項要求的葬法，但是若需要做到此點，除了天空中需要有禿鷹的配合外，人間更必須有類似葬傳佛教的宗教做支持。因此，嚴格說來，困難度難之又難。既然如此，在天葬之外，無論

---

[4] 郭慧娟（2009），《臺灣自然葬現況研究——以禮儀及設施為主要課題》，南華大學生死學研究所碩士論文。

我們如何師法傳統，終究無法尋找到一種不會使用到土地的葬法。若此，意圖從傳統中尋找可以借鏡的葬法，根本是一種緣木求魚之舉。既然無法從傳統中找尋可以借鏡的葬法，那麼是否另有其他的管道可以達成此任務？

對我們而言，西方會是一個很好的借鏡。因為，自從民國以來，西方一直是文明的象徵，也是我們主要師法的對象。現在，既然在殯葬上遭遇難以化解的困境，那麼當然也可以借鏡西方，看西方有什麼好的解決方法？根據這樣的思維，政府發現西方的環保葬法，也就是所謂的綠色殯葬，可以滿足這樣的要求。在綠色殯葬的做法中，雖然有的還需要用到土地，但是這樣的使用已經把土地的利用降到最低。整體而言，這樣的葬法是最能符合新的葬法的要求。基於這樣的考量，綠色殯葬遂成為政府想要推動的殯葬新政策。

從這一點來看，政府對於綠色殯葬的引進，主要的著眼點不在於環境保護本身，而在於土地的利用上。既然是在土地的利用上，那就表示政府對於綠色殯葬的認知不同於西方的認知。實際上，如果我們更進一步深究這樣的認知所帶來的後果，那麼就會發現這種土地利用的說法是違反環保本身的要求。因為，土地的商業利用雖然提高了土地的利用價值，但是這種提高相對地也帶來了環境的進一步破壞。例如利用山坡地來建設高樓，為了高樓建設的需要，就必須開發山坡地，而開發山坡地的結果就會破壞山坡地原有的結構，不是減少綠色的

林地，就是造成山坡地的滑動或土石流，無論哪一種，對土地生態都是一種破壞[5]。所以，為了環境保護的需要，最好的做法不只是減少殯葬對於土地的使用，還要減少商業對於土地使用所帶來的環境破壞。否則，只知要求殯葬用地對於環保的配合，而不知要求商業用地對於環保的配合，那麼這樣的要求就是一種重活人輕死人的歧視做法，實在很難令人心服口服。

 ## 第二節　綠色殯葬的表層意義

　　在了解政府之所以引進綠色殯葬的做法之後，我們進一步探討綠色殯葬的意義。根據一般的理解，如果一個專有詞語普遍的流通於外，此即表示社會大眾對這個語詞有所認知。既然有所認知，亦表示社會大眾對於該語詞的意義必然有相當程度的了解。如果人們根本就不了解這個語詞，基本上絕對不會去使用這個語詞。同理，政府既然使用了綠色殯葬這個語詞，即表示政府對於這個語詞有其一定了解的深度。否則，政府非但不會構思這個語詞，更不會使用這個語詞。由此可見，政府既然使用了這個語詞即表示政府對於這個語詞已有相當程度的理解。

---

[5]現在土地資源問題依然存在之外，因人為污染所形成危害到人體健康的環保問題以及因此而衍生的生態失衡問題，在在成為現代人們所再三關注的課題。

　　既是如此，究竟政府是如何理解綠色殯葬這個語詞的呢？
為了尋求這個問題的解答，我們必須回到政府對於這個語詞的
實際使用當中。就我們的了解，政府對於這個語詞的使用最早
出現於2002年公布的殯葬管理條例當中。從該條例第一條開宗
明義的記載可知，「為促進殯葬設施符合環保並永續經營；殯
葬服務業創新升級，提供優質服務；殯葬行為切合現代需求，
兼顧個人尊嚴及公眾利益，以提升國民生活品質，特制定本條
例」[6]，表示此條例的制定重點之一即是為了符合環保的要求。
根據條例的宗旨要求來看，雖然我們在條例內文中並未直接看
到綠色殯葬這一詞語的使用，但從其立法的精神上確實呈現的
是綠色殯葬的說法。因此，當政府部門在其後推動環保葬法
時，內政部的網站即出現了與綠色殯葬有關的語詞。

　　那麼，有了綠色殯葬的語詞之後，是否即表示政府對於綠
色殯葬會給出一個明確的定義呢？事實上，根據所有政府部門
有關綠色殯葬的記載文件來看，我們發現政府從未提出對於綠
色殯葬語詞的明確定義。對政府公部門而言，或許只要能順利
的推動既定政策即行了，何須大費周章地去定義一些文字語詞
呢？問題是，對我們而言，一個沒有定義清楚的語詞在使用時

---

[6]殯葬管理條例總共有74條，除了第一條明確的定義條例立法的目的為：「為
促進殯葬設施符合環保並永續經營；……」外，於第2條、第8條、第12條、
第17條、第19條、第25條中分別論述有關環保自然葬的定義、做法、範圍，
充分顯示了政府主管機關對於環保自然葬的關注與強調。

往往會模糊失真，有時甚至於在不知不覺中產生了衝突矛盾。因此，為了避免造成模糊失真與衝突矛盾的問題，我們實有必要明確地定義這個語詞。如此一來，在推動政策時才能系統一致地推動實施，更能有意識地避免一些不必要的困擾。例如在推動政策作為時，不至於誤把不符合綠色殯葬的要求作為錯認為是綠色殯葬的一部分。

　　既然政府對於綠色殯葬尚未給出一個明確的定義，站在研究者的立場，如果我們想要嘗試給出一個明確的定義又當如何進行呢？一般而言，要給出一個明確的定義可以有兩個做法：一個是從字面的意思來探討；另一個則是從實質的意思來探討。從字面的意思來探討，得以讓我們知道這個語詞的表層意義為何？從實質的意思來探討，則可以讓我們了解這個語詞的深層意義何在？在此一節，我們先行嘗試探討綠色殯葬的表層意義。至於綠色殯葬的深層意義，我們在下一節再進一步探討。

　　首先，我們討論綠色殯葬的表層意義。在此，我們先從綠色殯葬此四個字切入。若單純從此四個字來看，我們可以分成兩組：第一組是綠色二字；第二組則為殯葬二字。就第一組而言，綠色二字從一般的理解是指顏色的一種。就第二組而言，殯葬此二字從一般的理解是指喪事的處理。若僅僅只是個別的理解，事實上我們難以從此兩組字看出任何的端倪？因為，若是從顏色和喪事處理的關係上我們很難產生任何特別意義的聯

想？因此，我們只能捨棄從顏色來理解綠色殯葬表層意義的途徑。

　　如果不從顏色的表面意思來理解綠色殯葬的意義，那麼我們可以另循何途來理解綠色殯葬的表層意義呢？一般而言，對於顏色意義的理解可以有兩種不同的方式：一種是純字面的理解；另一種是象徵意義的理解。如果從純字面的理解不可行，那麼我們即可轉從象徵的意義來理解。對我們而言，綠色並不只是一種顏色符號而已，它也是一種環保的符號。如果綠色只是一種單純的顏色符號，那麼這個綠色並無特別的意義。因此，要探求綠色這個符號的特殊意義，即不能只是理解其爲一種顏色符號，而必須深入地探索此符號背後象徵的意義。當顏色變成一種象徵的符號時，它的象徵即轉化爲與樹林相關的綠色。由此，它變成了一種代表環保意義的符號。當它變成一種環保意義的符號時，其象徵的即是生態的綠色。不過，如果這種象徵也只是一個中性的象徵，缺少了價值的判斷，則此象徵對我們而言其意義亦不大。如果我們期待它能具有所賦予的意義，那麼這個象徵即必須在生態之外，再加上保護的想法。換言之，它必須具備對人類生態具有保護之責的象徵意義。同樣的，一個人如果想要成爲稱職的現代人，那麼他就必須善盡保護生態的責任。根據這樣的想法，綠色當即是生態保護的象

徵[7]。

　　從前述的理解脈絡來看，綠色和殯葬的連結即可以找到新的意義。那麼，此意義為何呢？初步來看，這個意義即是殯葬不再只是單純的喪事處理，而是與生態保護有絕對的關係。如果一個喪事的處理僅僅只是單純的喪事處理而已，那麼這樣的處理即不會與生態保護產生關聯性，若是如此，自然無法稱其為綠色殯葬。因此，如果人們的認知喪事的處理必須與綠色殯葬有關，則其喪事處理即必須符合生態保護的模式作為。否則，無論如何費心的處理，其處理即無法冠上綠色殯葬的名稱。

 ## 第三節　綠色殯葬的深層意義

　　不過，對於綠色殯葬的理解我們不能只停留在表層意義的理解上。因為，表層意義的理解只能讓我們知道一般人的認知而已。問題是，一般人的認知只是讓我們清楚綠色殯葬的初步意思，並無法讓我們對於綠色殯葬產生一個完整的概念。對我們而言，缺乏完整的概念即無法形成全貌式的理解，也就是無法掌握整體的認識。在沒有整體認識的情況下，我們實在難以

---

[7]請參見邱達能（2015），〈對台灣綠色殯葬的省思〉，《2015年第一屆生命關懷國際學術研討會暨產學合作論文集》，頁5。

分辨究竟哪一種綠色殯葬的理解方屬正確？而哪些又是不正確的理解呢？爲了讓我們有能力進行眞正的分辨，我們需要進一步深入綠色殯葬的深層意義。

那麼，我們要如何深入綠色殯葬的深層意義呢？對我們而言，上述有關綠色殯葬表層意義的探討即是一個很好的起點。因爲，有關深層意義的探討並非憑空出現的，而是有其一定的依據。在此，這個依據即是一般人所認知的理解。雖然一般人的理解未必是夠深入，也不見得是純然的正確，但是這個不夠深入與未必正確的情況，其問題並不在初步的理解上，而在於欠缺進一步的理解。因此，我們仍然可以從這個初步的理解出發，更進一步的理解眞正的問題出在何處？一旦經過這個過程的操作，我們即可掌握綠色殯葬的深層意義需如何的理解才不會失眞？

於此，我們先行從綠色殯葬的表層意義出發，嘗試一探綠色殯葬的深層意義？首先，就綠色殯葬的表層意義而言，綠色殯葬無疑是一種環境保護的喪葬處理方式。那麼，何以綠色殯葬需要特別強調環境保護的意義呢？難道過去的喪葬處理方式都忽略了此點嗎？表面看來，過去的喪葬處理方式不見得完全漠視保護環境的意義。例如早期的食葬，即是採取了把亡者的遺體當成食物吃掉的做法。從今天文明的角度來看，這樣的做法似乎過於野蠻。不過，我們千萬不可持有這種先入爲主的成見。事實上，食葬的作爲並非一般人所想像中的如此野蠻不文

明。因為，食葬的吃並非僅是像一般的變態食人魔那樣，單純地把屍體當成食物來吃，而是藉著吃的做法來完成傳承的任務。由於用吃的方式，所以亡者的遺體對於環境事實上即不至於產生任何破壞的作用。從此點而言，此種喪葬處理方式的精神與綠色殯葬相通有異曲同工之妙。既是如此，是否食葬即等同於綠色殯葬呢？

事實上，問題並非我們表面上所看的如此簡單？因為，食葬雖然沒有產生破壞環境的問題，但是食葬並非有意識地不破壞環境，而是食葬的結果對於環境恰好沒有產生破壞的作用而已。此外，食葬的目的在於傳承任務的達成，與綠色殯葬的精神完全不同。對綠色殯葬而言，它的目的不在於傳承任務的達成，而在於環境的保護。就此點而言，食葬與綠色殯葬仍存在著極大的差異性。所以，無論食葬的精神如何與綠色殯葬相近，我們都不能稱食葬即是綠色殯葬的代表。

如果綠色殯葬不能只從環境保護的意義來理解，那麼我們當如何理解綠色殯葬的意義呢？就我們的了解，要理解綠色殯葬的意義可以從綠色殯葬所出現的背景來深入。根據上述的探討，我們知道綠色殯葬的出現係以工業發展對於環境破壞作為之背景所致。據此，我們即可了解綠色殯葬的喪葬處理方式其出現的時間必然是在工業發展之後。因為，如果不是工業發展對人們生存的環境產生了威脅，那麼綠色殯葬或許即無出現的可能。因此，當我們在深入理解綠色殯葬意義之時，即必須掌

握此發展背景。如果不是這樣的背景，那麼縱使這樣的喪葬處理方式再怎麼地符合環境保護的要求，嚴格言之，在在皆不能稱之為綠色殯葬。

　　根據這樣的理解，我們可以進一步探討政府對於綠色殯葬意義的認知是否有其問題？對政府而言，綠色殯葬是一種能解決土地利用的方法之一。若是如此，那麼最理想的綠色殯葬做法即是可以完全不需要利用到土地。因為，對政府而言，土地的利用是有其優先順序。一般而言，商業發展是政府在土地利用上被列為最優先考慮的主角。除非不得已，否則政府在政策推動喪葬處理時必然思考不要用到土地。但是，受到傳統喪葬觀念根深柢固的影響，在喪葬處理上想要完全不用到土地根本是緣木求魚。因此，在不得已的情況下，政府別無選擇只能從儘量少用土地的角度來思考喪葬處理的問題。此當即是何以政府在提倡綠色殯葬的同時又允許多元葬法存在的理由所在。

　　問題是，這種完全從土地利用的角度來理解綠色殯葬的想法是否真的符合綠色殯葬的本意？根據上述的探討，我們發現這樣的理解未必即符合綠色殯葬的要求。因為，土地利用之目的在於決定土地當如何提高它的使用價值？至於要不要考慮環境保護的問題，根本不在它的思考範圍之內。因此，在決定土地不為殯葬使用而為商業使用之時，它根本不會特別去理會這樣的商業使用是否會造成環境的破壞？抑或只會著墨這樣的商業使用到底提高了多少土地的使用價值。然而，從綠色殯葬本

身的角度來看，土地要如何利用並不在它的考慮範圍之內，它所考慮的只是環境如何保護的問題而已？就此點而言，顯然政府對於綠色殯葬的著眼點的確是存在些問題。

如果對於綠色殯葬的理解不能從土地利用的角度來思考，那麼我們對於綠色殯葬的理解需從哪個角度入手較為合適呢？根據上述所言，我們理解綠色環保本即是來自於對工業發展的反省，期望還給生態一個自然之境。既是如此，那麼我們自當可以從回歸自然作為一個新的思考點。對綠色殯葬而言，它最在意的是來自於對環境的破壞、對生態的破壞以及對自然的破壞。因此，我們只要能恢復環境的生態，讓自然不再遭受人為的破壞，那麼此狀態當即是綠色殯葬的核心目標。

可是，究竟要如何做才能回歸自然而又不出現破壞的問題呢？持平言之，此並非如同表面上所看到的如此簡單。因為，對於這個問題我們可以有不同的理解，譬如從對立面來思考亦是一個可能的角度。此外，亦可另從超越面的角度來思考。

因此，無論所思考的角度為何，其重點皆在於能透過這種破壞問題的解消而回歸自然本身。就此點而言，我們理當即可把綠色殯葬的實質意義界定為「在回歸自然的過程中，設法解消人為對於土地生態的破壞，使這樣的回歸可以不著痕跡地融入自然之中，不再有人為與自然對立的狀態出現」[8]。

---

[8]邱達能（2015），〈對台灣綠色殯葬的省思〉，《2015年第一屆生命關懷國際學術研討會暨產學合作論論文集》，頁6。

第四節　綠色殯葬的具體做法

在理解綠色殯葬的深層意義之後，我們進一步探討綠色殯葬的具體做法。根據內政部的網站，我們發現政府對於綠色殯葬的具體做法仍有一些相關的說明。對政府而言，綠色殯葬的具體做法主要指的是海葬、樹葬與花葬。除了這些葬法之外，政府公告的資訊中也提到了拋灑葬。不過，在此有一點須先行澄清，即是所謂的拋灑葬僅僅只是一種葬法過程中的處理方式而已，並不能直接說成是一種葬法。若要將它視爲一種葬法，則我們即須先了解其拋灑方式將拋灑於何處？如果我們忽略了拋灑的地點，那麼我們即不能視之爲是一種葬法，只能說是葬法過程的一種處理方式。否則，非得要將之視爲是一種葬法的話，除非將其先與地點直接連結方有此可能。

經由上述的澄清之後，我們即能明了無論是海葬、樹葬或花葬，這些葬法都可以透過拋灑葬的做法來實施。此外，除了拋灑的做法之外，殯葬管理條例另有一種植葬的做法。就植葬的做法來看，此種做法未必適用於海葬。因爲，對海葬而言，將骨灰拋灑於海面上毫無問題。但是，要將骨灰埋藏於海底則有其不易突破的困難度。當然，如果我們事先於海底建立如同礁石一般的堡壘，讓骨灰得以有個藏身之處，則此種做法亦有其可行性。不過，我們不可忽略此種做法除了需支付昂貴的費

用之外，在執行上也有極大的困難度。因此，採行此種做法者可謂微乎其微。所以，在一般的情況下，海葬絕對不會採取此種植葬的做法。但是，樹葬與花葬與其截然不同，它們除了可以採取拋灑葬的做法外，也能採用植葬的做法。因為，它們不僅可以將骨灰拋灑葬於樹和花的四周，也可以把骨灰埋藏於樹和花的底下。

經由上述的探討，我們已然能理解拋灑葬和植葬並非是單純的一種葬法，只是葬法過程中的一種做法而已，在此，我們進一步探討此三種非葬法的葬法所預設的前提。就我們的了解，此三種葬法都預設了兩種共同的前提。其一，是火化的要求；其二則是環保容器的要求。就第一種前提而言，火化的要求基本上是為了與過去的土葬做一個區隔。從土葬的作為來看，亡者的遺體並未經由其他形式做進一步的處理，而直接把遺體盛殮於載具（棺材）中埋入土內。然而，無論是海葬、樹葬與花葬，這些葬法皆不是直接把亡者的遺體置放於海中、樹下或花叢間，而是經由火化的處理過程之後方安置於海、樹和花裡。不僅如此，在置放於海裡、樹裡和花裡之前，這些經過火化後的骨灰尚須經進一步的研磨過程，讓這些骨灰的顆粒變得更為細小，避免影響周遭的環境。

就第二種前提而言，容器的環保要求主要是為了與過去土葬的棺木做一個區隔。就過去盛殮屍體的載具而言，棺木的主要構成材質是各種不同樹種的木材。雖然木材在經過時間的變

化之後可以於泥土中逐漸的降解，但是木材的使用卻是一種違反環保的事情。因為，木材的獲得是來自於樹木的砍伐，而樹木的砍伐無疑的是一種破壞森林的行為。對於我們的生存環境而言，對於森林的破壞即是一種對環境破壞不爭的事實。雖然有一種言論主張說，如果對森林破壞的範圍不大，則此小規模的破壞不至於會對環境產生直接的影響。表面看來，此種說法似乎言之有理。但是，如果人人都心存此念，積少成多，毫無疑問的那些看似小規模的破壞最終將造成對環境無可挽回的影響。所以，為了避免這樣的惡果出現，我們確實是應該儘量避免做出任何對環境的破壞。因此，為了環境保護的需要，我們在使用殯葬的容器之時，若能顧及環保的要求自當是地球的幸事一樁。

此外，就西方的立場而言，殯葬的容器不僅只有木材構成的棺木而已，仍有其他材質構成的棺材，例如像鐵製的鐵棺、銅製的銅棺，甚至於水晶製的水晶棺。對那些各類材質的棺材而言，由於它們本身的材質都不能夠自動的分解，縱使直接土葬埋藏在土裡，無論埋得多久也不存在著自動分解的可能。既是如此，對於收納土葬的土地生態而言，此種無法自動分解的特質即會成為土地未來的負荷，長久以往，所有累積的結果必然為整個土地的生態帶來嚴重的破壞後果。所以，就它們無法自動降解於環境的傷害而言，這些的存在對環境必然皆會產生某種程度的破壞。因此，基於環保的要求，我們在使用殯葬容

53

器時即必須使用可以符合環保要求的容器。

在了解海葬、樹葬與花葬共同預設的兩種前提之後，我們進一步探討這些綠色殯葬的具體做法。首先，我們探討海葬的做法。在台灣，最早出現綠色殯葬的具體做法不是樹葬或花葬，而是海葬。根據我們的了解，早在2001年之際，雖然殯葬管理條例尚在立法的研議過程當中，但是南台灣高雄的一些在地民眾基於對海洋的熱情，以及對國外盛行的海葬所產生的興趣，主動的表達了希望他們的親人也可以進行海葬。於是，在該地主管機關殯葬管理所的配合與協助下，僱船前往高雄港外海舉行海葬。殊不知，海葬已然成為台灣環保自然葬的先鋒。經過將近十五年的推動，國內每年實施海葬的數量，已經從2001年最早於高雄市一個地區的14件，成長到2016年台北市、新北市、桃園市與高雄市四個地區的109件。總個累計亦達1,491件之數。就此累計數而言，相對於這些年整個死亡累計的人數，其比例仍屬偏低的情況[9]。

雖然海葬是國內最早提出屬於綠色殯葬的具體做法，但並不表示此種做法是最為喪家所接受的做法。事實上，海葬的做法一直遭受到喪家的排斥。之所以如此，係因為一般喪家仍然深受傳統觀念的影響，認為人死後仍需留些紀念物讓後代子孫

---

[9]就以今年，也就是2016年的死亡人數來看，海葬人數的比例約占整個死亡人數的萬分之七，比例不可謂不低。

永祀。如果未留下任何的紀念物，似乎意味此人未曾於此世間
存在過一般。一旦，家屬想要紀念或祭祀親人之時，即會發現
找不到任何可以做爲紀念的憑據。因此，對家屬而言，讓自己
的親人死後變成一無所有的做法是一種極爲不孝的行爲。正因
爲亡者家屬擔心自己成爲不孝之人，導致喪家原則上多不太敢
採取海葬的做法。

　　不過，喪家採不採取海葬的做法是一回事，是否符合環保
的要求則是另外一回事。就海葬本身而言，海葬是個讓亡者骨
灰回歸大海的一種做法。在此，這種回歸主要有兩種方式：一
種是直接將骨灰撒向大海；另一種是將骨灰裝在可分解的容器
中拋入海中。不管我們採取的是哪一種方式，其最主要之目的
在於讓骨灰仍融入大海，不再單獨存在，避免對環境造成負
擔。就此點而言，海葬理當是所有環保葬中對環境最不會造成
負擔的一種葬法。因爲，它已經讓骨灰完全回歸大海，不再對
陸地產生任何可能有的負擔。

　　其次，我們探討樹葬的做法。就我們的了解，樹葬做法的
出現是在2002年殯葬管理條例通過之後。既然是在殯葬管理條
例實施之後，此即表示樹葬是殯葬管理條例的產物。我們不禁
要問，樹葬會不會也和海葬遭受相同的命運？理由甚簡，因爲
它們皆是屬於環保自然葬的一種，亦即是綠色殯葬的一種。話
雖如此，但不表示樹葬也將遭遇如同海葬般，讓亡者家屬擔心
自己成爲不孝之人，致使喪家不願接受的命運。事實上，樹葬

與海葬的命運並不相同，它不像海葬那麼地被排斥。相反地，它甚至比海葬更讓喪家接納。之所以如此，係因為它不像海葬那樣讓亡者變成一無所有，而是讓亡者仍保留一些痕跡於世上。就家屬而言，讓亡者仍保留的痕跡雖然不多，但它仍然是一個具體的存在事實，雖然只是樹的存在而已。因此，只要這棵樹持續地存在，那麼其家屬於特定的日子或一旦想要紀念逝去的親人之時，即可在所留存的象徵紀念處立即與逝去的親人產生情感的連結，而不會一無所有滿心失落。就此點而言，家屬當能圓滿其志亦不至於背負不孝之壓力。由此可見，相對於海葬的做法，樹葬的葬法確實較能滿足以往傳統觀念的要求。

根據上述的探討，可想而知，顯然推動樹葬的成果必然將優於海葬。但此項判斷是否正確，我們需要實際執行的成果予以驗證。根據台北市殯葬管理處網頁所公布的報導，台北市為全台灣最早辦理樹葬業務的都市，於2003年即開始試辦植存。復於2007年，進一步於富德公墓內闢建更具規模的詠愛園樹葬區。迨2016年，台北市整體累積的樹葬人數達9,340人、灑葬有296人，總計有9,636人之數。此外，根據內政部的統計，自2003年殯葬管理條例正式實施至2016年年底止，全台灣實施樹葬和花葬的人數已達24,000人，此相對於海葬的數量不可謂不

多[10]。

　　那麼，相較於海葬的不占用到土地，是否樹葬的做法較爲不環保呢？因爲，就政府對於環保的理解而言，不占土地應當才是最環保的葬法。只要占了土地，似乎即背離了環保的精神，沒有那麼的環保。可是，根據反省的結果，我們發現環保的重點並不在於是否占用了土地，而在於有沒有對環境帶來破壞。如果樹葬的結果雖然占用了土地，但是並未破壞到環境，甚至增加了綠化植樹的效益，則此樹葬的作爲必當視之爲符合環保意義。否則，在破壞環境的情況下，縱使樹葬僅是占了些微的土地，則此樹葬亦屬不環保的葬法。根據這樣的要求，要比較樹葬和海葬何者較爲環保？我們不能單從土地的有無占有著手，而需從對環境的破壞與否著手較爲客觀。

　　最後，我們探討花葬的做法。正如樹葬一般，花葬亦同屬殯葬管理條例所推動的產物。不過，花葬並不如樹葬般受到民眾的歡迎。在此，理由亦簡。因爲，花卉雖然較爲美觀浪漫，但其壽命週期較短不若樹木長年生長日益茁壯。如果選擇花葬，雖然仍可以留下亡者的一點痕跡，但是這點痕跡卻無法保留太久，往往只能保留一季之期。當隔年亡者忌日之際，此時

---

[10]表面看來，樹葬和花葬的比例要較海葬來得多很多。因爲，海葬2016年的平均比率也還不到萬分之七。相反地，採取樹葬和花葬做法的人，從2003年開始到2016年總共約有24,000人，年平均比率約百分之一左右，是要比海葬來得高很多。但是，整體而言，比例還是偏低。

之喪家即將發現亡者的遺跡早就煙消雲散不復再見。對家屬而言，必當悵然失落深受打擊，再度陷入不孝的身心困境當中。因此，在孝道觀念的思維下，為了讓亡者的精神得以常留人間，家屬寧可選擇樹葬也不願選擇花葬。此即是何以選擇花葬之人不若想像中多之理由所在[11]。

話雖如此，但並不表示選擇花葬即較為不環保。事實上，花葬與樹葬並無二致，二者所使用之容器皆符合環保的要求。此外，由於其體積較小、存活時間亦較為縮短，因此它對環境的影響自然更小。從此點而言，花葬似乎比樹葬要來得更加環保一些。不過，此種相較之法實流於表面較不客觀。果真須一較長短，則其重點當在於衡量何種葬法對環境所帶來的破壞較少？哪一種葬法對環境的助益較多？唯有如此，二者相較方顯其意義，以及符合環保的要求。否則，在環保要求之外去討論何種葬法之環保優劣，俱屬無益於環保的討論。

---

[11] 根據內政部全球資訊網的統計資料，我們就會發現為什麼內政部不把花葬和樹葬的統計分開計算？理由其實很簡單，就是花葬的數量沒有那麼大。如果分開計算，那麼花葬的數量可能會少得可憐。與其凸顯花葬的比較不能被接受，不如併入樹葬計算比較不會落人口實。

第三章
綠色殯葬的思想依據

- 科學主義的出現
- 科學主義的意義
- 科學主義的主張
- 科學主義與綠色殯葬

綠色殯葬

第一節　科學主義的出現

經過上述的討論，我們對於綠色殯葬似乎已經有了完整的認識。若眞是如此，對於綠色殯葬這個課題理當告一個段落，無須再行討論。然而，經由再三深入的反省，我們發現目前的討論仍顯不足。因爲，現階段的討論只是讓我們了解了綠色殯葬的是什麼，卻沒有辦法讓我們了解綠色殯葬的爲什麼。爲了更深入了解綠色殯葬的爲什麼，我們實在需要進一步探討綠色殯葬的背後思想。在了解綠色殯葬的背後思想之後，我們才能說我們對於綠色殯葬終於掌握了完整透徹的了解。

那麼，究竟綠色殯葬的背後思想爲何呢？就表面觀之，綠色殯葬的背後思想應該和綠色殯葬本身有密切的關聯。若非與綠色殯葬本身有密切的關聯，又焉能成爲綠色殯葬的背後思想依據？可是，就我們所知，實際情況恐非如此。之所以如此，係因綠色殯葬它不應當只是環保要求的結果而已，它更代表著是另一個時代的思潮產物。若非是這個時代思潮的發觸，恐怕不僅不會出現所謂環保的要求，甚至連帶綠色殯葬更不會有出現的可能。因此，如果我們意圖深入探討綠色殯葬背後的思想眞貌，那麼即不能只是停留在環保的要求上面，而必須更深入到這個思潮本身。唯有如此，我們才能清楚知道綠色殯葬爲何會是如此？

　　在此，我們須進一步的探討這個思潮究竟爲何？爲了尋求這個問題的答案，我們必須回溯到近代科學的興起課題。就我們的了解，近代科學的興起並非是隨機出現，而是其來有自，有其一定的針對性。既是如此，則此針對性何指呢？根據一般的說法，這個針對性係源自於對宗教所致。對近代宗教的主流發展而言，其對於永恆面的強調遠遠超過對現世面的關注。非但如此，縱使其亦主張強調現世這一面，亦只是強調其對永恆的過渡作用，並不強調現世本身的價值。然而，對近代宗教發展的思潮而言，現世是個至關緊要的價值存在。如果連現世的問題即解決不了，無法讓世人安身立命，則奢談永恆焉有其義？因此，在此認知的扭轉下，近代認爲與其強調虛無飄渺的永恆未來，不如重新回頭來解決現世的問題。

　　根據這樣的認知扭轉，於是近代開始強調現世問題解決的重要性。問題是，解決現世的問題之道顯然已無法如同中世紀一般，直接採取透過信仰來解決現世的問題。因爲，如果直接採取透過信仰來解決現世的問題，則此種解決之道只能訴諸於上帝的慈悲。但是，對世上的人們而言，上帝的慈悲並不可靠，他並不是任何人都有機會蒙受這種慈悲的眷顧。對近代的人們而言，其所追求的並非那種有選擇性的眷顧，而是一視同仁的慈悲眷顧。爲了達成此目的，於是人們不再繼續使用這種不可靠的方法，而重新尋找新的解決之道。

　　既是如此，人們所重新尋找的解決之道究竟爲何呢？對他

們而言，此新解決之道絕非是類似信仰的方法。因為，如果仍然採取類似信仰的方法，則此新的解決方法一樣無法解決問題。如果我們衷心期盼有成功解決問題的可能，即必須尋找一個與信仰不同類的方法。對人們而言，這個與信仰不同類的方法捨科學的方法無它。因為，所謂的科學的方法並非從永恆出發，而是從現實開展的一種思考作為。為了了解現實，它無法透過祈禱，只能透過歸納。於是在歸納方法的作用下，人們不僅掌握了現實的法則，也同時發現可以應用這樣的法則來解決現實問題之道。

就我們的了解，這個新解決方法被提出於16、7世紀。當時，第一個提出解決之道者為英國的培根（Francis Bacon）。何以培根會提出歸納的方法？這是因為培根發現傳統亞里斯多德（Aristotle）所提出的三段論演繹法雖然可以構成嚴格的知識系統，但其對新知識的發現卻絲毫無益。就此點而言，培根認為亞里斯多德所提出的三段論演繹法對於我們發現這個世界毫無用處。如果人們不希望如此，期待進一步認識這個世界，那麼即必須尋找新的方法，如此才有發現新經驗的可能。於是，培根提出了歸納的方法，認為這是一個可以讓我們認識這個世界發現新的經驗的方法[1]。

不過，徒有新的方法尚猶不足，就知識系統的發展而言，

---

[1] 請參見王曾才（2015），《世界通史》，頁387-388。

人們仍需要有改變我們面對這個世界的態度。那麼，養成我們對這個世界持有新的面對態度之人到底是誰？就我們的了解所知，當屬理性主義的開山始祖笛卡兒（Rene Descartes）。何以笛卡兒具此影響人類知識的深遠能力？其實理由至為清楚，此核心直指笛卡兒對知識所持有的態度。對笛卡兒而言，過去的知識無論如何確實，但知識若未經過自己理性的懷疑，進一步尋找到相關的證據，則此知識不必然見得如同想像意識中的如此確實。因此，如果我們希望掌握可信知識的確實度，那麼就得透過理性的懷疑，在確認無誤的情況下才能承認它的確實可信性，也就是真理性[2]。

除此之外，在其追求確實可信知識的過程中，他發現整個存有包含三項存在，即是上帝、心靈與自然。其中，對自然的看法與我們新態度的形成最具關係。過去，於中世紀的宗教年代，自然不單是代表上帝的創造物，更是一種神聖的存在。面對不可懷疑的神聖存在，人們除了尊重外別無其他作為。但是，我們必須進一步的反省，這樣尊重的結果將形成讓我們不敢去改造世界的情況。如果我們不想再繼續以這樣的態度去面對自然，顯然我們即必須重新理解自然。對笛卡兒而言，自然縱使是上帝創造的產物，但在創造之後，上帝卻讓自然自行運作。因此，自然無疑屬於一個機械物質的存在。既然如此，面

---

[2]請參見王曾才（2015），《世界通史》，頁388-389。

對一個不再神聖的機械物質所存在的自然，我們當然得以去理解它，甚至於改造它[3]。

經過這種新方法和態度的反省，於是乎，近代人開始對於自己解決問題的能力產生信心。對當代的人們而言，他們已不需要回到把自己的命運完全託付給上帝的中世紀境況。相反地，他們逐漸發現自己的命運原來可以掌握在自己的手中。即是經由這種新的發現，讓他們重新省思上帝的存在是否只是人類的一種想像？若非如此，何以連人類可以做到的事情而上帝卻做不到呢？例如改善人類的生活，不再讓人類受制於自然，彷彿人類生活的好與不好完全由自然所決定，而且可以在上帝的大能下主動讓人類過得衣食無缺，不再遭受自然的災害。基於這樣的認知，於是人們開始認真思考自己是否也有資格得以扮演上帝的角色。

在這種新的認知思潮發展下，自然不再像中世紀那樣被視為是神聖上帝的創造，而只是一個物質的存在而已。面對這樣的存在，人們無需再去對它頂禮膜拜。如果願意，人們應當可以隨自己的想法去改造它。當然，這種改造的經驗是漸進式的累積，是隨著人類科學技術的發展程度而產生。如果人類科學技術的發展越快，則此種改造的程度即會越高。反之，如果人類科學技術的發展越慢，那麼這種改造的程度必然越低。無論

---

[3]請參見王曾才（2015），《世界通史》，頁389。

如何，對於自然改造程度的高低，完全取決於人類科學技術發展的快慢。對當時而言，這種思考事實上是想像大過於真實。經由這個經驗的啟發，人們於是發現原來自然僅僅是人們演出科學的舞台而已。只要人類高興，隨著人類想要如何改造自然都有很高的可能性。不再像中世紀般受限，一切皆須尊重上帝的決定。於是，上帝不再是大自然的主人，已經被人類所取代。

　　於是在這種一切唯人類是從想法的濫觴下，讓人類開始產生了一種新的想像，認為在科學的威力下不存在著不被改造的自然。然而，事實是否真屬如此？對當時的人而言，根本無視於此問題的存在。因為，他們正處於開創的新鮮期，自然不會去反省這個問題的限度。事實上，當人們開始進行這個問題的反省之時，往往都是在事情發展到一個段落，而且開始產生問題需去面對的時候。在此，我們應該要能理解並支持其樂觀的想法。基於這樣的想法，他們認為自然並沒有人類不可以改造的空間，只要人們繼續使用科學的方法，那麼未來世界即會變得如同人類所希望的世界。於是，當這樣的想法不斷地被擴大之後，科學方法即成為人類解決問題的萬能方法。彷彿只要人類有了科學的方法，這個世界即無不能解決問題的存在。對於此種凡事訴諸科學，堅信唯有科學才能有效解決問題的想法，

我們稱之爲科學萬能主義，簡稱科學主義[4]。

 ## 第二節　科學主義的意義

在清楚知道科學主義是如何興起的問題之後，我們進一步探討科學主義的意義。表面看來，科學主義的意義似乎非常清楚，它的核心主張即是唯有科學才能有效的解決問題。可是，所謂只有科學才能有效解決問題的主張之外，是否包括科學以外就不能有有效解決問題的方法？如果有，那即表示科學主義並不是唯一能夠有效解決問題的方法。如此一來，科學主義即不能主張是萬能主義，也只不過是一種能夠有效解決問題的方法而已。如果沒有，正表示在科學主義以外我們絕對找不到能夠有效解決問題的方法，亦即表示科學主義絕對是唯一能夠有效解決問題的方法。如此一來，科學主義即是眞正的萬能主義了[5]。

對於這個問題，有人卻抱持著否定的態度，認爲科學主義根本即不是萬能主義。對他而言，也就是德國的哲學家威廉·狄爾泰（Wilhelm Dilthey, 1833-1911），爲此他就提出「科學主義」（Scientism）一詞用來嘲諷科學主義，強調客觀研究對

---

[4]請參見郭穎頤（1990），《中國現代思想中的唯科學主義》，頁19-22。
[5]請參見互動百科的科學主義條目。

象的科學方法並不適宜用來研究主觀體驗的人文現象[6]。那麼，他所主張的理由爲何？根據我們的了解，他之所以提出這個主張，係因他認爲人文科學和自然科學的對象根本不一樣，人文科學對象的特質是個別差異性，而自然科學對象的特質則是普遍相同性。因此，針對研究對象特質的不同，我們不能採取相同的方法，而應該採取不同的方法。如果我們忽略了理當不同的差異性，而硬是採取相同的方法處置，他認爲這樣的做法本即是一種方法應用上的錯誤[7]。可是，嘲諷歸嘲諷，科學主義並不認爲這個看法可以成立。對他們而言，無論是客觀研究對象或主觀體驗現象，這些都是科學可以進入的對象。只要科學能夠進入，那麼它們都應當是科學可以有效解決的問題之一。因此，就可以有效解決問題的角度而言，這個世界基本上是不存在一個可以脫離科學範圍的問題。

　　如果科學主義所代表的僅是只有科學可以有效解決問題，在科學以外卻無有效解決問題的方法，那麼科學究竟要如何操作才能有效解決問題呢？就我們的了解，所謂科學能夠有效解決問題的核心課題並不是想像式地把問題解決而已。如果只是想像式地解決，那麼這種解決方式與中世紀的信仰解決方式又有何不同？所以，爲了避免這種解決方式變得與中世紀的解決

---

[6]請參見百度百科的科學主義條目。

[7]布魯格編著，項退結編譯（1976），《西洋哲學辭典》，頁195-196，台北：先知出版社。

方式一樣，科學主義絕對不能只用想像的方式解決問題。

為了清楚何謂想像式的解決方式，我們在此舉一個天狗食月的例子說明。在古代，由於缺乏相關的天文知識，當時的人們並不了解當太陽、月亮與地球三個星球的運行到成一直線之時，此時天空即會出現月蝕的天文現象。當此之時，人們即想像出所謂的天狗，認為是天狗在玩耍時把月亮吃了。既然天狗把月亮吃了，人們必須想辦法讓天狗重新把月亮吐出來。於是，人們嘗試用敲鑼打鼓的方式，希望藉此嚇一嚇天狗，看是否能順利的把月亮重新找出來。沒想到經一陣的敲鑼打鼓之後，月亮竟然果真又出來了。於是，當下他們即直覺地認為這樣的作為極其有效[8]。然而，今天我們從科學的角度就很清楚的看到，這一切的變化完全與人們的作為毫不相干，純然只是一種天文自然的變化而已。對於這種自以為是的解決問題方式，我們即稱為想像式的解決方式。

可是，如果不採用想像的方式解決問題，那是否仍有其他解決問題的方式嗎？對科學主義而言，不採用想像的方式解決問題，也可以回歸經驗的方式解決問題。因為，有關現實生活的問題並非只是憑空想像的問題，而是發生於現實之中的經驗問題。因此，若想要解決現實生活的問題，即必須回歸現實生活的經驗之中。就此點而言，科學主義的解決問題方式與中世

---

[8]請參見維基百科天狗條目說明。

紀已有極大的不同，它已不再仰望上帝，祈禱上帝慈悲眷顧幫助人們解決問題，而是踏實地回歸現實生活本身，由人們自求多福地自行幫助自己解決問題[9]。

　　不過，它的回歸現實生活本身，並不是直接回歸現實生活本身，而是開始重視生存所處的環境，也就是自然的環境。對他們而言，人類現實生活之所以困頓，並非是人類本身不夠努力，而是再如何努力皆無法產生任何的效用。因為，人類的努力只能依靠本身既有的能力來努力。縱使用盡了個人全數的努力，受限於本身能力的有限，其努力的成果自然是極其有限。但是，如果人類得以不從本身著手，而轉從人類所處的自然環境著手，那麼在自然環境的改造下所創造的成果必然是有無限寬廣的空間與可能。因此，就科學主義而言，有關自然環境的改造方是它首要關心的重點。

　　例如有關糧食增產的問題，如果我們只是採取傳統的方式，可想而知無論我們再如何努力耕種，其竭盡所能的努力成果仍難以改變糧食的產量。不過，如果我們可以突破傳統的思考模式，不再堅持自然環境即是最好的環境，重新體認人類確實是有改造自然環境的能力。於是，在這種思考的作用之下，人類開始採取化學的手段，設法製造各類化學肥料，積極地

---

[9]請參見李偉俠（2005），《知識與權力——對科學主義的反思》，頁289-291。

改善土地的肥沃度，讓所有農作物在生長時不致產生養分不足而影響收成的問題。如此一來，於農作物收成之時，我們即會發現所生產的糧食相較於過去確實提高了很多，此無形中也就解決了糧食增產的問題。由此可見，如何改造自然環境至為重要。

那麼，它要如何作為方能有效地改造自然環境以滿足人類的要求呢？對它而言，要改造自然環境的首步曲必當是先行了解自然環境的法則。究竟，我們要探取何種作為方能真正的了解自然環境的法則呢？對它而言，要真正的了解自然環境的法則即不能憑空去想像自然環境，而必須透過對自然環境的經驗認知。為了達到認識自然環境的目的，於是它開始以感官去感覺自然環境。經由這種真實的感官感受，而逐漸形成對自然環境的真實經驗。於是乎，經驗及發展成為人們接觸自然環境的新方法。

然而，徒有經驗的接觸仍屬不足。因為，經驗往往會受到環境的制約而回到主觀的狀態。因此，如何方能讓經驗從主觀的狀態真正進入客觀的狀態呢？若無新方法的應用恐難以成事。就此而言，歸納的方法即是這個新的方法。如果沒有歸納法的提出，人們依舊停留在演繹法的運用上，那麼這樣的經驗仍然只是主觀的經驗，無法真正形成客觀的經驗。其中，最主要的理由是，單一經驗無論再怎麼演繹仍只是單一經驗的成果，無法真正脫離主觀的範疇。如果想要真正脫離主觀的範

疇，那麼即必須讓更多的經驗進來，證實這樣的經驗不只是個人的主觀經驗，而是可以應用在自然環境的客觀經驗。在此，歸納法即是讓主觀經驗變成客觀經驗的方法。

　　一旦經驗不再是主觀的認知而可以轉為客觀的體察之後，我們即有能力去認識真正的自然環境。不過，只有客觀的認識自然環境尚猶不夠，我們仍須進一步了解自然環境的法則。因為，如果沒有真正認識自然環境的法則，在沒有法則引導的情況下，我們實難以擁有改造自然環境的能力。然而，一旦我們有了對自然環境法則的認識，那麼在自然環境法則的引導下，進一步地改造自然環境即輕而易舉。因此，如何認識自然環境的法則當即是改造自然環境最為重要的一步。

　　那麼，究竟自然環境的法則要如何方能真正的認識呢？對科學主義而言，上述的歸納法是一個極為重要的方法。若非此法，則所有的經驗即會停留在主觀的狀態之下，無法進入客觀的狀態中。可是，歸納法的作用並不只是如此。事實上，它還可以在構成經驗客觀性的同時，引導人們進入法則的領域。因為，經驗若需把握其客觀性，則必須有其共同性的基礎，而此共同性當即是進入法則的重要關鍵。經由上述的論述過程，我們對於自然環境所形成了的法則已有更高的認識。以下，我們試舉一例說明。

　　例如地球重力的發現問題，過去，我們都深信是牛頓在樹下小坐時被蘋果打中而萌發的結果。其實，這個傳說過於簡

化。畢竟，如果只是就牛頓被一顆蘋果打中頭部事件言，縱使他如何地天縱英才都未必會與地球重力的問題產生任何的火花。但是，如果他是一位具好奇心且不斷觀察地球上各種事物的人，那麼其必然會察覺這些事物都具有一個共同特質，他發現所有的東西皆是往下掉，沒有一個是往上掉的。基於這種普遍觀察的結果，於是他自然而然地發現了所有的事物往下掉是地球上的一個共同法則。即使是鳥，當牠們飛累了，仍然也要飛下來在地面休息。因此，毫無疑問的，牛頓對於地球重力法則的發現，是一個透過對於各種事物觀察歸納的結果[10]。

本來，論述到此，有關科學主義的意義的探討似乎可以告一段落。但是，我們發現，假若我們真的只是停留在這一步，那麼這樣的停留必然會讓我們陷入成為觀念式科學主義的困境。因為，觀念式的科學主義只是告訴我們科學有可能成為有效解決問題的唯一方法，而沒有進一步用行動證實這樣的方法在現實經驗上真實有效。所以，為了避免我們所意識的科學主義只是純理論的說法而已，因此，我們確實有進一步進入實務領域的必要，用以證實這樣的方法的確可以經由自然環境的改造來滿足人類的要求。

在此，除了歸納法之外，科學主義也同時引進新的方法。

---

[10] 對於這個問題的討論，我們可以分成兩個部分。在此，我們只討論發現的部分。至於證明的部分，則需要用到數理邏輯的方法。

對科學主義而言，歸納法雖然能夠讓我們清楚地認識自然環境
的法則，卻未具對於這樣的法則透過量化方式來詮釋的能力。
如果未經量化的理解，則此法則即無法產生實際的效用。因
此，若期待這樣的法則能夠產生實際的效用，則科學主義別無
選擇必須要引進數理演繹的方法。

再如聯合國農糧組織關於木薯種植預測的分析，過去認為
木薯的種植期需要十二個月之久。但是，經過專業團隊的研究
發現木薯的種植期八個月即足夠了。究竟，原因為何？此乃農
業專家從木薯的品種、收穫期、多年、多點的複因子實驗的多
元浩瀚數據中，經過預測理論及電腦演算技術分析後，發現所
栽培的木薯收穫量與澱粉含量，八個月和十二個月並無顯著的
差異。既然如此，於是在木薯的種植上即可節省四個月的種植
時間[11]。簡而言之，此即是應用數理演繹的效益。

不過，我們也發現，徒有這些個引進仍然不足，還需要有
技術層面發展的配合。如果欠缺技術層面的配合，則此科學主
義猶然只是紙上談兵並未能發揮實質的效益。因此，技術層面
的發展也是不可或缺的重要配合因素。透過這種種方法與技術
的配合，科學主義終於達到可以不像中世紀的信仰那樣沒有辦
法改造自然環境的目標，完全可以透過科學方法與技術的發展

---

[11]請參見林德光（1995），〈科學預測與社會經濟效益〉，《華南熱帶作物
　學院學報》，第1卷第1期，1995年6月，頁59。

真正改造自然環境。於是乎，在這種改造信心的引導下，科學主義自認自己是萬能的，不再需要科學以外的方法。

例如有關生育的問題。過去，人們咸認為生與死是由上帝所決定，新生兒更是上帝所恩賜。如果上帝不要人有下一代，那麼此人即不可能有後嗣。如果上帝要恩賜子民於某人，則此人必然即會有可愛的下一代。現在，在生育科技較為成熟的情況下，一個人如果想要有下一代，往往只需借助生育科技，透過人工授精的方式即可以擁有下一代，似乎已不再需要上帝的賞賜。對這些人們而言，透過現代生育科技所擁有的下一代顯然已不再是上帝的賞賜，而是人類自己藉著科學技術改造自然的結果，所彰顯的是人定勝天的意義[12]。

第三節　科學主義的主張

從上述對於科學主義意義的探討之後，我們知道科學主義所依憑的是對於經驗的信心，認為經驗可以幫助我們了解自然環境、改造自然環境，形成人們所期待的理想環境。但是，這種對於經驗的信心究竟可以大到何種程度呢？是否到達把所有的真理都完全等同於經驗的地步？對於此點，恐怕一般人是無

---

[12]請參見尉遲淦（2007），《生命倫理》，頁48-51，台北：華都文化事業有限公司。

法給予一個絕對的答案。不過，站在科學主義的立場，他們對於這個答案卻是信心滿滿，認為把經驗等同於真理本即是一件無庸置疑的事情。

那麼，何以他們能夠聚足此信心呢？是否他們已經確實看到所有的真理皆是來自於經驗？其實，他們並沒有真正的看得如此透徹，他們所看到的僅只是目前所看到的部分而已。雖然如此，但他們卻堅信地認為現在所看到的一切即是一個保證，告訴我們未來任何事物想要成為真理都必須得到經驗的證實。若它不能獲得經驗的證實，則其縱使想要成為真理亦是絕無可能之事。所以，就他們的角度而言，科學對於自然的有效控制即是這種信心之所以產生的根本來源。

在了解他們何以具有如此高昂信心的理由之後，我們進一步要探討的是，這樣的等同到底代表了什麼？如果我們不做進一步的探討，事實上是難以掌握等同所代表的真正意義。根據我們的了解，科學主義對於經驗的強調，其目的在於表達經驗之外即無獲得真理的可能。既然沒有其他的方法得以獲得真理，那麼經驗毫無疑問的即當是唯一的真理。如此說來，此是否意謂凡非經經驗的方法所獲得的結果即不能冠上真理之名呢？

例如過去在哲學上有關心物之爭論，雖歷經了兩千多年的折衝，卻依然無法找到為各方所接受的。如果今日我們同樣採取相同的方法繼續爭論下去，其結果必然相同，亦即無論再經

過多久，一定都無法獲得眞正的定論。之所以如此，係因爲我們並未使用正確的方法去面對爭論。據我們的了解，如果我們所採取的是經驗的方法，那麼在科學的協助下，所有的爭議問題早晚必定會出現一定的定論，不至於再停留在爭論不休的困境當中。既是如此，那麼科學要如何發揮魅力來協助解決這些個問題呢？對於這個問題，他們即嘗試著從心物的關係著手，檢視此心物關係可以在經驗上找到哪些證據？於是，在科學的研究下，精神的心即成爲物質的腦的化學作用[13]。

如果任何的事物凡是未經經驗所獲致的結果皆不能冠以眞理之名，此似乎意味著除了科學之外即無任何的學術得以視之爲眞理之學。就表面觀之，這個命題的結論似乎亦起不了任何的作用。但是，只要我們深入了解它所引致而發生的後果之後，即會發現這個結論實際上極爲嚇人。因爲，這個結論所指涉的不單只是學術的問題而已，它更是涉及到存在的課題。如果除了科學以外即無眞理之學的命題成立，此即證明除了經驗之外確實無任何存在的可能。此亦意謂著，除了經驗世界是眞實的存在以外，即無其他眞實世界的存在[14]。

若依照這樣的邏輯來思考，則傳統的形上世界即變成了一

[13]請參見王曾才（2005），《世界通史》，頁386。
[14]請參見尉遲淦（2014），〈科學的生死觀及其限度〉，《2014輔英通識嘉年華學術研討會——通識學術理論類與教學實務類研討會》，頁3-4，高雄：輔英科技大學共同教育中心。

種虛妄的存在，根本即無真實存在的可能性。如此一來，不僅宗教上的上帝不復存在，連道德所在的精神存在亦屬虛妄。我們不禁要問，何以他們會產生如此的認定呢？事實上，其理至明，因爲它們認爲這些存在原本即不在我們的經驗範圍內。既然是如此的認知所發生的作用，則其在經驗無法驗證的情況下，自然僅能把這些存在視之爲不真實的虛妄存在。但是，不可忽略的，這些存在在一般人的心目當中不但是真實不虛，甚且他們的存在等級猶較人類的存在等級來得更高。現在，他們的存在等級不僅完全被否定，甚至還淪爲不具客觀性的主觀存在事物。對於這樣的存在逆轉，科學主義認爲此是完全正確的真理，別無任何可疑之處。

不僅如此，對於這些主觀的存在他們還給予進一步的銓釋，設法交代何以會有這些主觀存在出現之因？對他們而言，這些主觀存在的出現並非是全無存在理由，亦非是全然由人類自行所想像創造而成。事實上，這些主觀存在的出現的確有其一定的根據。對人類而言，過去在面對自然環境之時，根本即無任何的能力得以應付自然環境的挑戰。在沒有能力回應自然環境挑戰的情況之下，他們並不希望自己陷入完全絕望的境地當中，於是乃開創出這些主觀的存在，讓自己得以在絕望中生出一些希望。於今，人類既然掌握了科學，自然有了回應自然環境挑戰的能力，必然即不再需要這些主觀的存在來賦予人類希望。

　　根據這樣的思考，一切精神性的存在皆變成了主觀的存有，不再擁有過去所強調的客觀性。如此一來，具有精神性的存在於焉產生，意謂除了人類以外即不再有其他的存在，至於過去宗教上所認定的上帝和天使，嚴格言之無非是人類主觀的想像物，不具真實的存在性。換言之，這個客觀的世界根本不具精神性。對科學主義而言，除了經驗所感覺到的物質存在以外，這個世界本即無任何種類的存在。既然無其他種類的存在，此即表示這個世界完全是物質性的存在。不過，就此物質性的存在，我們可以有兩種不同的理解方式：一種是現象義的理解；另一種為實體義的理解。若從現象義來理解，則此世界雖係由物質所構成，但其所構成之面相僅只是現象義的構成，因此在實體上仍是屬於未知的世界。若從實體義來理解，則此世界不僅於現象上屬於是物質的，甚至於連實體亦是物質的。基於此種唯物的形上觀點，科學主義認為世界的本質即是物質的。除了物質的存在以外，這個世界實無其他的存在。

　　假若這樣的看法是正確無誤，那麼對於人的精神存在我們又當如何解釋呢？對於這個命題，事實上科學主義並無進一步的否認人的精神存在；相反地，它還承認了人的精神存在。在此，如果科學主義採取了否定的態度，恐怕科學主義很難圓滿交代經驗的客觀要求。因此，在尊重經驗的前提下，它確實需要進一步解釋人類的精神存在。對於此精神的存在，其必然認為不是外於物質的特殊存在，而是物質的一種功能表現。既然

只是物質的一種作用，則此存在自然只能存在於人類之中，而不能脫離人類獨立存在。基於此，科學主義不但將一切的真理皆限制於經驗之中，更把一切的存在限制於物質之中。

例如現在科學家所進行的電腦實驗即是一個很好的例子，對他們而言，人腦無異於電腦，只要我們掌握了人腦的運作模式，則最終即可以透過模仿人腦作用的方式讓電腦像人腦一樣的運作。一旦電腦可以完成這個驅動任務，則電腦不僅可以執行如同人腦的思考作為，更得以執行人腦一般的自由抉擇。基於如此的思考，只要科學家有一天真的能做出這樣的電腦之時，那麼他們即可以證實一切的存在皆是物質的真實存在，而所謂的精神性存在只不過是物質複雜化過程中的一種作用而已。

第四節　科學主義與綠色殯葬

在經過上述對於科學主義的探討之後，我們現在有一個需要說明的問題，就是上述的探討與綠色殯葬的關係到底為何？當然，在上述的探討中我們也曾經論述過，這樣探討的目的在於了解綠色殯葬的背後思想。經由背後思想的了解，我們即能完整透徹地了解綠色殯葬的意義。然而，到目前為止，我們雖然嘗試從各個面向去探討綠色殯葬的意義，卻仍然未曾予以正式的處理。在此，我們如果不利用機會進一步處理，那麼縱使

我們對於科學主義的意義了解得再爲透徹，必然也無助於對於綠色殯葬意義的完整掌握。因此，爲了能夠完整透徹了解綠色殯葬的意義，我們需要進一步處理科學主義與綠色殯葬的關係。

正如上述所言，綠色殯葬是順應著環保化的要求潮流而出現於世，而環保化潮流的出現則是人們針對工業發展反省的結果。雖然環保化的要求是來自於對工業發展反省的結果，但是這樣的反省並未曾讓環保化的要求脫離科學的範疇。相反地，它一樣按照科學的思路進行。在此種思路的引導下，綠色殯葬所關注的並非形上世界的問題，而是直指經驗世界的問題。根據這樣的關注，綠色殯葬所在意的問題在於，究竟哪一種葬法對於自然環境所產生破壞的問題較小？哪一種葬法對於自然環境比較容易產生破壞的問題？至於經驗世界以外的形上世界，基本上即不在其考慮範圍之內。

既然如此，那麼我們在思考綠色殯葬的問題之時，是否只要考慮經驗的世界即足夠了。那麼，對於經驗世界又將要採取何種思考態度呢？一般而言，要考慮經驗的世界即不能脫離經驗世界發展的規律。如果不考慮經驗世界發展的規律，那麼我們即無法契入經驗世界當中。一旦是在不能契入經驗世界的情況下，我們對於經驗世界的所作所爲也就不一定適合經驗的世界。對於綠色殯葬而言，這種不能適合經驗世界的作爲即是一種不恰當的作爲。如果我們不希望如此，則必須設法調整相對

的作為，讓這種作為得以適合經驗世界的規律。

就表面觀之，我們對於經驗世界的規律似乎了解的極為透徹。因此，我們才足以放心大膽地發展我們的工業。然而，經過多年的發展之後，我們卻逐漸地發覺到這樣的發展出現了不少的問題，並未如當初所設想地那樣合乎經驗世界的規律。於是，我們開始產生了一個新的疑問，究竟我們當如何作為方能符合經驗世界的規律？如果工業發展的作為是符合經驗世界的規律，那麼這個發展理當不至於產生任何的問題。而今，既然產生了問題，此即意謂著這個作為是無法符合經驗世界的規律。

那麼，我們又將要採取那種作為才能符合經驗世界的規律呢？根據上述反省的結果，我們發現要符合經驗世界的規律首先即不能有任何破壞自然環境的情事發生。如果出現任何破壞自然環境的情事，此即表示這樣的作為無法符合經驗世界的規律。可是，我們發現光有這樣的認知猶然不足。因為，不破壞自然環境僅僅是消極的作為而已，我們必須要有更積極的作為相應。如果我們不能有更積極的作為因應，那麼在人類對自然環境必然會有所作為的預設下，自然環境成了人類予取予求的消費對象，必然將再度出現破壞自然環境的情況。因此，我們必須採取更進一步的順成作為，亦即是遵照自然環境本身要求的作為。

由此觀之，如果我們想要有符合綠色殯葬的作為，那麼即

必須滿足上述的兩個條件：即不破壞自然環境的條件與順成自然環境的條件[15]。首先，我們討論第一個條件。就第一個條件而言，綠色殯葬在處理埋葬的問題時即不至於採取土葬的做法。何以言之呢？此乃土葬的做法不僅占用土地，甚至於將會破壞自然環境。對綠色殯葬而言，這樣做的結果即屬於是一種破壞自然環境的行為，絕對是一種不環保的做法，完全不符合綠色殯葬的精神。以下，我們舉一例說明。

例如過去在土葬時皆採取將遺體裝殮於棺木中下葬的作為，為了讓遺體得以順利腐化，其所使用棺木之材質即必須符合可以腐化的要求。因此，在材質的選擇上，它即不可能選用不易腐化的材質，如鐵、銅、水晶等材質所所製作的棺木，而會選用像木材等易於腐化的材質所製作的棺木。問題是，如果是選用木材製作的棺木，那麼即需砍伐森林，利用森林的木材來製作。如此一來，森林必然遭受嚴重的破壞，也間接的影響到地球的空氣品質。

其次，我們討論第二個條件。就第二個條件而言，綠色殯葬在處理埋葬問題之時必然同步考量是否符合自然環境的要求。那麼，究竟綠色殯葬是如何考慮自然環境的要求呢？在此，毫無疑問的它是從自然環境的特質出發。對它而言，自然

---

[15]請參見邱達能（2015），〈對台灣綠色殯葬的省思〉，《2015年第一屆生命關懷國際學術研討會暨產學合作論文集》，頁9-10。

環境本身即是不斷在生成變動當中。既然如此，那麼我們在處理埋葬的問題之時即必須考慮這個特質，讓土地的利用可以不斷地重複使用。然而，在埋葬的處理作爲上要如何處理才能符合這個特質呢？於是，它提出了海葬、樹葬與花葬等等可以讓土地不斷地重複再利用的做法，可以保有永續利用的可能性，不像土葬般只保有一次的利用性。

　　此外，我們也不可忽略自然環境的變化亦有其均衡的規律性。因此，爲了符合這種均衡規律性的要求，我們在埋葬容器問題的處理上即不再使用樹木。因爲，大量使用樹木的結果必然將破壞環境的均衡規律，致使環境不再能夠保持其均衡性。因此，爲了讓環境能夠繼續維持均衡，我們必須改用環保材質的容器，讓這些容器得以隨著時間分解融入大地，進一步降低對自然環境的負面影響。

　　經由上述的說明，我們理解了科學主義如何引導綠色殯葬之道。就綠色殯葬而言，我們要如何進行殯葬處理並非人們可以任意而爲之，其必須符合自然環境的規律。如果它違反了自然環境的規律，則其所作所爲即將爲自然環境帶來嚴重的破壞後果。如此一來，自然環境即難以再繼續與人類共生共存。對人類而言，讓自然環境與人類無法共生共存的做法完全背離人類發展的目的。因此，站在人類發展的永續經營立場上，我們在殯葬的處理上往綠色殯葬的方向邁進別無他法。

第四章
綠色殯葬與生死安頓

- 殯葬的本土化問題
- 綠色殯葬如何安頓生死
- 科學主義的省思

 第一節　殯葬本土化的問題

　　從表面觀之，若我們對於綠色殯葬的引進僅止於是作爲一種新的做法引進而已，那麼上述的探討到此即可告一段落。可是，如果我們的引進不只是一種單純的作爲，更是一種足以做爲主要政策的引進，顯然我們有必要進一步的探討。那麼，何以必須採取如此的作爲呢？這是因爲單純的引進只是把這種新的做法視爲是人們的選擇之一而已。在此種認知情況下，人們可以選擇是否採取這種新的做法。一旦人們做出了選擇，那麼即必須自行承擔認清所選擇做法的責任。如果他自己沒有弄清楚，那麼他自己就要負起全部的責任。相反地，如果這種引進不只是一種單純的引進，而是作爲一種主要的政策，那麼此時的政府即有責任把這種政策說明清楚，爲何選擇綠色殯葬的做法作爲主要的政策？這個選擇可以替人民帶來什麼好處？此種好處對於人民是否合宜？在此，倘若政府對於這些問題並未充分掌握或說明清楚，因此而導致人民的權益受到損傷，則政府即應該負責任地改善這樣的狀況，而非置之不理任其自行發展。

　　那麼，持平而論，一個負責任的政府應該採取何種作爲呢？就我們的了解，政府必須站在自己文化的立場上來思考這個問題。如果它沒有站在自己文化的立場上來思考這個問題，

那麼在引進新的做法時即會出現問題[1]。過去，我們在科學的洗禮下，誤以為只要是合乎科學的條件，沒有什麼不是普遍的。所以，只要能在西方世界受到承認，那麼在台灣也一定可以受到承認。如果在西方可以被承認而在台灣沒有，那麼其問題不在西方而是在台灣。因此，我們此時要檢討的不是西方有無問題，而是台灣本身是否存在著問題。基於這樣的思考模式，它就認為凡是從西方引進的一定不會有問題，要有問題也必然是我們自己的問題。

可是，事情的真相是否真是如此？難道西方的一切即全無問題，而我們自己才是問題之所在？對此，我們需要注意其中所隱藏的問題。事實上，並非所有西方世界的一切必然不可能存在任何的問題，更不是所有台灣的事物都一定會有問題。其重點在於當問題發生時，我們是否有能力辨別何者是普遍適用或非是普遍適用的？如果我們無法清楚的辨別事物發展的真相，那麼很容易會誤以為只要是從西方引進的都是普遍適用的情況。其實，如果它不具普遍適用的條件，那麼在其引進時即不能一體適用，而需要進一步的調整因應。否則，在一體適用的誤導下，往往犯下嚴重的錯誤，以至於造成主體性喪失的惡果。為了避免這樣的惡果出現，我們需要探討綠色殯葬本土化

---

[1] 請參見尉遲淦（2014），〈殯葬服務與綠色殯葬〉，《103年度全國殯葬專業職能提升研習會》，頁2-6，苗栗：中華民國葬儀商業同業公會全國聯合會、仁德醫護管理專科學校。

的問題。

　　就我們的了解，在2002年通過的「殯葬管理條例」，政府開宗明義即把環保要求當成殯葬施政的主要政策。根據這個政策，政府於是積極地著手推動所謂的環保自然葬，亦即是綠色殯葬的做法。於推動初期，成效顯然不彰。當時，政府認為之所以成效不彰，其因並非出自於綠色殯葬本身，而是民眾對於綠色殯葬不甚了解的結果。因此，只要假以時日，政府持續往這個方向推動，讓民眾對於環保的責任多所了解，那麼民眾對於綠色殯葬的新做法自然會欣然接受，不致再有抗拒的阻力。根據這個思考，於是政府不斷地往喚醒人民環保意識的方向前進。

　　問題是，這個思考脈絡是否正確？如果毫無問題，則表示綠色殯葬的做法是一種普世的做法，不存在著本土化的問題。果真如此，當然即無需於文化上調整的必要。但是，如果情況並非如此，此即表示綠色殯葬不見得是一種普世的做法，需要依據當地文化加以調整，此時即會出現需要我們進一步解決的本土化的問題。那麼，就政府所採取的作為來看，到底上述的兩種考慮何者方是正確的選擇？對於這個問題的解答，我們可以試著從推動多年的成果加以檢討。

　　就政府近年推動的成果而論，綠色殯葬於2002年正式成為台灣的殯葬主要政策。實施初期的成效不彰或可歸責於民眾對於環保意識的尚未覺醒，但是經過近十五年的努力，且在政府

的大力推動下，民眾的環保意識理當早被喚醒。既然如此，那麼表現在綠色殯葬的選擇上必然是風起雲湧蔚為風氣。可是，就上述的統計數據，我們發現實情並非如此。實際上，經過十數年的努力，在海葬的成果上總共也只有1,491件之數，而樹葬與花葬的成果雖然較佳一些，但其總數亦只有24,000多件而已。換言之，這些年在綠色殯葬的總成果上也僅有25,500多件。但相較於近十五年的死亡人數而言，25,500多件只占總死亡人數約2,196,000多人的1.2%而已，表示選擇綠色殯葬的民眾仍然居於小比例的狀態，仍有極大成長的空間。由此可見，環保意識的覺醒與否似乎並未有表面所看得的如此關鍵。

　　果真如此，那麼我們對於這個問題的解決是否即當思考其他的可能？此是否即是我們上述所提及的本土化問題？因為，如果並非是本土化的問題，那麼何以在政府倡導環保意識多年的情況下民眾選擇的比例仍是如此令人不解？當然，或許有人力主肇因於目前決定喪事的人俱屬老一輩的長者。因此，在觀念與做法相對保守的情況下，自然採取綠色殯葬作為的比例即較為偏低。話雖如此，我們也不要否認，仍然有為數不少的喪事係由年輕一輩所決定。既然是由年輕人所決定，那麼在選擇上即應該較為偏向綠色殯葬的作為。如果真是如此，那麼在選擇的比例上理當出現更高的數字才符合實況。何以卻是如此的不盡理想？對於這個問題，如果我們現在意圖在缺乏相關統計數據的支持下妄加爭論，那麼，這個爭論最後恐怕仍是難以

找到確切的答案。既是如此，那麼我們與其多費時間於此爭論上，倒不如回來重新思考問題究竟出於何處？於此，有關本土化問題的考量即變成一個是否能找到確切答案的重點。畢竟，在殯葬的選擇上，文化背景絕對是一個重要的選擇因素。

那麼，當我們進一步討論本土化問題之時，我們所要考量的主要文化因素又是為何呢？如果從現有的主流殯葬作為來思考，顯然火化塔葬應該會是一個重要的考量因素。因為，我們目前遺體的火化率已經高達百分之九十五以上[2]。尤其是首善之區的台北市幾乎是百分之百。就此點而言，火化顯然不是一個阻力因素。既然火化非是阻力，那麼真正的阻力會是何者？對塔葬而言，塔葬最重要的價值在於能保留骨灰，不讓親人變成一無所有。如果單從此點來思考，我們即會發現樹葬和花葬之所以比較容易被民眾接納，是因為這個作為仍能保有一些親人的遺物，而不是化為一無所有。相對地，海葬因為無法留下任何逝去親人的遺物能與家屬形成直接的情感連結，因此在接納度上即顯得更為低小。由此可見，骨灰的存在與否顯然也是一個極為重要的因素[3]。對於這樣的文化要求，我們實不能視若無睹。

---

[2] 請參見內政部全國殯葬資訊入口網的火化率說明。

[3] 請參見尉遲淦（2014），〈殯葬服務與綠色殯葬〉，《103年度全國殯葬專業職能提升研習會》，頁5，苗栗：中華民國葬儀商業同業公會全國聯合會、仁德醫護管理專科學校。

　　既然如此，那麼政府又是如何面對這個問題呢？當然，對
政府的立場而言，強調環保價值本即是時代價值中一個至為重
要的解決策略，希望藉由喚醒民眾的環保自覺來化解所面對的
困擾。可是，正如上述所說，這樣的化解方式並未如原先所想
像的如此順利。對此，政策推動者自當心裡有數。因此，當其
在強調環保價值的同時亦會務實地思考如何留下些記憶傳承的
問題。對他們而言，要留點什麼可做為家屬記憶傳承的遺物，
骨灰絕對不是最好的選項。因為，留下骨灰的結果必然會出現
占用土地的千古難題。那麼，要採取何種作為才能盡可能地不
占用到土地？對於這個千古難題，政策推動者構思善用網路資
源的解決方案。對其而言，只要善用網路的資源，營造逝去親
人的家屬在期待能留下亡者記憶傳承遺物的情境，此時對家屬
而言，其親人即不致變得一無所有，進而消解背負不孝罪名的
遺憾與壓力。只是此時到底要留下哪一些才能讓家屬滿意，對
於這個部分，他們顯然並沒有做過太多的考慮。因此，我們看
到了簡單的網路祭掃首先被引進應用的作為。

　　雖然我們看到了政府的積極因應作為。但問題是，只引進
簡單的網路祭掃是否足以解決了難題？對於這樣的引進是否可
以替代骨灰留存的問題，政府顯然沒有做過太深入的研究。就
此而言，如果我們意圖真正化解這個難題，捨棄朝更深入地
去了解自己的殯葬文化入手恐別無他法。因為，今天人們會
接受哪一種殯葬的做法，並非攸關流行，亦非只與時代價值相

關，事實上與我們自己的文化傳統關係最為密切。如果我們自己的文化傳統根本無法接受這樣的做法，那麼要推動該法即會遭受嚴重的阻力。相反地，如果所推動的做法能與我們自己的文化傳統相契合，那麼在推動這樣的做法時自然就水到渠成。可是，情形如果並非僅是上述之兩種，而是另有第三種可能之時，則此時所謂的文化傳統是否會接納這樣的做法，必然端視我們如何去調整讓此阻力降到最低的作為？

如果上述思考的方向無誤，那麼是否即意謂這樣的引進即足以替代骨灰的留存呢？首先，我們需進一步的了解最初的引進是屬於何種性質的引進？就我們的了解，最初的引進係以祭掃為主，因此亡者所留存的只是照片與基本資料，缺乏連結彼此更深入的關係。其後，在發現此種作為有所不足之後，有關祭掃的部分即不再只是單純的祭掃，另增加了家屬的想念與追思。此外，為了讓家屬對亡者有更多的連結，於是再把一些和亡者有關的生平事蹟進一步具體加入。經過這樣的調整，家屬和亡者之間的關係變得更加緊密。如此一來，亡者不再只是空洞抽象的存在，他開始透過一些比較具體的內容讓家屬感受到他的存在[4]。

可是，這樣的內容是否即能滿足社會大眾的需求？為了解

---

[4]請參見尉遲淦（2014），〈殯葬服務與綠色殯葬〉，《103年度全國殯葬專業職能提升研習會》，頁9，苗栗：中華民國葬儀商業同業公會全國聯合會、仁德醫護管理專科學校。

答這個問題，我們需要進入第二個問題的探討，亦即是我們的
文化傳統是如何看待此現象？就表面觀之，火化塔葬的留點什
麼純然是火化塔葬的想法。事實上，只要我們了解台灣殯葬作
為的演變，即會了解火化塔葬的想法係受到土葬的影響所致。
換言之，這樣的留點什麼不只是留點什麼而已，它還包括留的
方式。如果我們沒有考慮此項因素，那麼即難以理解這種留的
要求的意涵。對土葬而言，人要留的並非只是遺體而已，另外
尚有對於屍體保持全屍的認定[5]。如果沒有全屍的認定，那麼徒
留遺體並無多大的意義。因此，在土葬的作為下，全屍的認定
觀念至為重要。基於這樣的考慮，當人們所面對的葬法由入土
為安轉變成火化進塔時，它一樣要求全屍的認定。因此，在火
化之後的撿骨，人們仍然按照全屍的觀念去撿拾火化之後的骨
灰骸，而不是任意的撿拾。探討至此，我們當能清楚的理解在
推動綠色殯葬時，不能認為所推動的只是一種新的葬法作為，
而是要民眾接受一種新的替代方式。此時，我們在考慮上即必
須把過去固有的要求加進去，如此民眾才會認為這樣的接受是
心悅誠服順理成章的接受，而不是心不甘情不願違反傳統的接
受。甚至，在不清楚的情況下，人們即會心存疑慮而不敢接受。

---

[5]這是受到曾子「身體髮膚受之父母不可損傷」觀念影響的結果。不過，對於
　這種全屍的觀念有兩種不同的理解：一種是生理性的理解，這是一般通俗
　的理解；一種是精神性或道德人格的理解，這是儒家本身的理解。在此，不
　同理解會產生不同的結果。

　　由此可知，要留下一點什麼的要求內蘊即是留下全屍的認定。若是如此，那麼現有的祭掃作為究竟是否留下全屍的認定呢？若果為是，那麼它將得以替代過去的祭祀方式。若果為非，那麼其將無以替代過去的祭祀方式。就我們所了解，這樣的調整似乎仍未能達到全屍認定的要求。因為，它只是讓我們對親人留有更多的回憶程度，仍無法讓我們產生對親人的一生有更為完整的感覺。為了讓我們對親人的一生有更完整的感覺，那麼我們即必須進一步了解全屍的認定到底何指？根據我們的理解，所謂全屍的認定並非只是對逝去親人的一種生理的認定，它更是一種人格的認定。換言之，就是一種對逝去親人道德人格完整的認定。所以，如果要讓我們在想念與追思親人的同時能夠更加體會到親人的存在價值和意義，那麼即必須融入道德人格的完整性。唯有如此，逝去親人所留下來的記憶傳承即不只是一種單純的心理回憶，更是一種精神的典範與感通，讓家屬與亡者彼此的聯繫可以超越陰陽的隔閡。如此一來，我們才有可能接受綠色殯葬的替代。否則，在文化傳統上的不能融入，即便綠色殯葬再怎麼具有環保的時代價值，這種價值的抉擇在在讓我們覺得難以安心。

第二節　綠色殯葬如何安頓生死

　　經由上述的探討，我們已然了解綠色殯葬的引進不只是在一種新的做法引進而已，它更是一個足以替代過去的做法。既然是一個替代過去的做法，那麼我們即要考慮這樣替代的理由是否合理？只要它的合理性越高，則其被替代所產生的阻力即越低。反之，如果它越不合理，那麼它的替代不僅會遭受阻力，可能還會被拒絕。因此，替代理由的合理與否是個極為關鍵的因素。遺憾的是，過去政府在推動該項政策時並未認真考慮這個因素。之所以如此，係因為它受到早期科學判斷的影響，認為傳統文化是落伍、不科學的產物，並無法適應現代社會的要求。因此，根本無需考慮它的影響力，未來只要推動得夠久，那麼它自然即會消失得無蹤無影。於是，在這樣的認知下，政府在思考問題時自然即會忽略到本土化的問題。

　　而今，經過上述的省思，我們發現本土化的問題有其關鍵的影響性。如果我們在引進新的做法時忽略了這個問題的關鍵因素，那麼縱使這樣的引進即便成功了，必然也會是事倍功半的結果。為了讓這樣的引進效率更高、成果更大，我們在引進時是必然要先考慮這個重要因素，因為其結果不僅可以讓問題變得更少，也可以讓社會大眾在接受時能更加放心，更加理解這樣的引進是合乎社會大眾的期待，完全不會背離我們的文化

傳統。倘若上述的說法毫無問題，那麼我們接著要反省的就是，爲何文化的因素存在著這麼大的影響力？難道少了它們問題即別無解決之法嗎？

對於這個問題的察覺，讓我們有必要重新思考殯葬的作用。過去，我們在辦理喪事時基本上皆會依照傳統禮俗的標準來執行。那麼，何以大家皆會依照傳統禮俗的規範來辦理喪事呢？據我們的了解，是否依照傳統禮俗的規定來辦理喪事，攸關社會對有無善盡孝道的檢視標準。尤其在國人對喪事辦理的內容欠缺正規教育的學習機制條件下，整個社會往往只能以傳統禮俗的內容做爲檢視的標準，也連帶的將之視爲是否善盡孝道的依據。因此，導致社會大眾以是否按照傳統禮俗的規定來辦喪事來判定一個人有無善盡孝道的觀點。但是，人們往往忽略了傳統禮俗規範的內容不只是殯的部分，也包含葬的部分。因此，在葬的時候即須配合傳統禮俗對土葬的做法。並因此而檢視其於在處理葬的時候是否採取土葬的作爲，若是則其屬孝順，否則即屬不孝。

由此可見，一個人之所以採取傳統禮俗的規定並非是因傳統禮俗掌握了多少的正確性，而是因爲傳統禮俗是社會大眾所公認的規矩[6]。換言之，如果一個人不依照社會的規矩來辦理喪

[6]請參見尉遲淦（2013），〈從儒家觀點省思殯葬禮俗的重生問題〉，《儒學的當代發展與未來前瞻——第十屆當代新儒學國際學術會議論文集》，頁959，深圳：深圳大學。

事，那麼他必然會承受很大的社會壓力。相反地，如果他能配合社會的規矩來辦理喪事，那麼他必然不會遭受社會的壓力。如此一來，即形成了視社會壓力的大小來決定是否採取依據社會規矩來治喪的思考作為。意謂著如果社會的壓力大，則非按照傳統禮俗來辦喪事不可的情況。如果社會壓力小，或許即可有不按照傳統禮俗治喪的其他選擇。就此而言，倘若現在社會壓力並不大，而我們卻仍然按照傳統禮俗的規定來辦理喪事，很有可能即會有人批評我們食古不化，不知隨著時代的變化而改變。此時，似乎採取隨順社會的變化而變化的態度即是最合宜的作為。面對此種發展境況，過去確實有人堅持著這樣的態度。對他們而言，殯葬的孝道要求只是過去舊社會的要求。現在，社會丕變，我們是否仍需遵守這個傳統要求？如果我們繼續遵守這個傳統的要求，那麼是否即會跟不上時代的腳步，早晚被社會所淘汰？因此，為了跟上時代的腳步不至於被社會淘汰，我們毋須再繼續遵守這樣的要求。縱使我們真的不願放棄傳統要求而且也樂意繼續遵守，但是否這樣的遵守也只是形式上的遵守而已，並不可能再出現原有的實質意義？因為，畢竟讓這個要求能夠生存的土壤早已不復存在。對此，似乎我們唯一能做的事情即是改變不合時宜的想法。

　　問題是，上述我們所採行的認定是否即無問題？如果傳統禮俗的要求只是一種社會的要求，那麼我們對於這種要求的回應的確是應該配合時代的改變而改變。如果我們沒有配合時代

的改變而改變，那麼這樣的配合也的確是食古不化，徒具形式意義而已。如果我們不想遭受這樣的指責，而且也期待跟上時代的腳步，那麼確實應該調整我們的想法，不再受到這樣要求的限制。但是，如果上述的認定存在著問題，那麼我們所謂的調整配合會不會讓我們失去原先該有的一切，而淪為一無所有？關於這個問題，有待我們進一步的審慎考量。

那麼，傳統禮俗的要求是否真的只是一種社會的要求？對於這個問題，我們應該如何判斷才對？當然，上述的批評並非毫無道理。對他們而言，傳統禮俗只是農業社會的一項產物。既然是農業社會的產物，那麼它的設計當然即會按照過去的社會型態來決定。例如過去的社會是以家族為主，因此在傳統禮俗的設計上，即必須配合這樣的形態滿足家族對於孝道的要求。如果不是這種設計思維模式，那麼在傳統禮俗的作為上即不見得能夠滿足當時的要求，自然也就沒有出現在過去的可能。從此點而言，傳統禮俗確實是為了配合過去農業社會的要求而出現[7]。

不過，既然現在社會的形態已然改變，不再是過去的農業社會形態，已經邁入了工商資訊社會的形態，那麼在新形態社

---

[7]請參見尉遲淦（2013），〈從儒家觀點省思殯葬禮俗的重生問題〉，《儒學的當代發展與未來前瞻——第十屆當代新儒學國際學術會議論文集》，頁958，深圳：深圳大學。

會的要求下，其重心亦已從家族轉移至個人的需求[8]。既然是個人的需求，顯然孝道即不再是唯一的重點。因為，對家族而言，如何延續這個家族的存在是其首要考量的關鍵重點。因此，如何讓家族成員善盡孝道即是一個至為重要的設計。然而，相對於個人而言，家族傳承的延續並非其首要的考量。是否延續家族傳承的走向認知往往只是個人對於家族觀念的一念之間而已。換言之，他要往哪裡走即往哪裡走，根本無視於家族的要求，唯一所理會的亦僅僅是自身而已。依此，善盡孝道即已不再是重點，個人的想法與實現才是唯一關鍵。

　　基於前述的認知，他們自然而然把傳統禮俗視為是不合時宜的產物。問題是，這樣的了解是否真確？確實，我們不能否認傳統禮俗的確出現於農業社會的土壤之上，它也確實深深受到家族社會結構的影響。然而，受到影響是一回事，它是否只能生存在這樣的社會結構下又是另外一回事。對於這個問題，我們必須加以清楚的分辨。否則，在認知錯誤的情況下，我們很可能會做出錯誤的判斷。導致最終遭受損失的不是傳統禮俗，而是我們自己。

　　那麼，傳統禮俗的要求是否真能超越社會結構的限制？若

---

[8] 請參見尉遲淦（2014），〈從儒家觀點探討傳統殯葬禮俗如何適用於後現代社會的問題〉，《第三屆當代國際儒學會議——儒學與當代文明》，頁322，中壢：中央大學儒學研究中心。

果為非，顯然上述的判斷即屬正確。若果為是，則毫無疑問上述的判斷即屬錯誤。因此，有關這個問題的解答，對我們而言至為重要。除此之外，上述對於社會結構的超越是否可能？根據我們的了解，這個超越的可能性極高。因為，傳統禮俗雖然是農業社會的產物沒錯，但是這不表示它只能單單適用於農業社會而已。當社會形態開始改變之時，社會已不再停留在農業社會，而變成工商資訊的社會。此時，影響它是否繼續適用的理由，不是社會的形態，而是當時的需求。如果當時仍存在著對它的需求，則其要求即必然繼續被接受。相反的，如果改變的當下已無需求的存在空間，則其要求自然即不被社會所接受。因此，有無需求方是真正的關鍵所在，而非是社會的形態。

如果社會改變的關鍵真的在於需求而非是型態，那麼我們需要進一步的思考傳統禮俗的要求是否有繼續存在的必要？依據上述的敘述觀之，這樣的要求確實有其存在的必要。因為，對這個時代而言，雖然存在著家庭未必是必要存在的主張，但不可否認的仍然有人堅持家庭的存在必要性。因此，只要仍有人主張家庭有其存在的必要，那麼傳統禮俗對於孝道的要求即會繼續存在。當然，它不可能再回到原點，依然維持著社會上的主流選擇，甚至於是唯一選擇的地位。即使如此，它猶然是大多數人的選擇，並未曾因時代的改變而改變。由此，我們即能清楚的理解，何以在政府大力推動簡葬的今天，社會上仍然

有不少的民眾繼續把傳統禮俗視爲辦理喪事的主要依據？

　　話雖如此，我們並非堅持家庭的存在即是孝道要求能夠繼續存在的眞正理由。因爲若是如此，是否即表示一旦家庭結構不再繼續存在之時，那麼孝道的要求也就同步的消失了呢？對於這個質疑，讓我們不得不往更深的地方思考。如果孝道的要求只是基於家庭的需求而存在，那麼在家庭消失的同時孝道的要求也就自然地消失。可是，實情眞是如此嗎？難道我們絕對無法在家庭之外找到孝道要求的其他存在的理由？面對這個問題，我們絕對有重新回來省思孝道意義的必要。

　　從表面觀之，孝道確實是家庭結構的重要產物，它規範了中國儒家文化最爲注重的家庭關係，讓家庭中的長輩和晚輩彼此之間的關係可以穩固不變，也讓他們彼此之間於相處時行爲可以有個正確的依循方向。如果沒有這種人倫規範的準繩，那麼長輩和晚輩間往往不知如何安排彼此的關係與角色扮演，更不容易掌握彼此行爲應當如何規範？雖然如此，但此也不足以證明我們可以論斷這樣的要求只是家庭的產物，離開家庭之外即完全沒有存在的意義。事實上，孝道的要求不單單只是家庭的要求而已，在家庭以外它依舊有其存在的意義。那麼，我們要從何處入手方能尋獲其眞正的意義呢？關於此點，我們試舉一例說明。

　　例如身處現代社會之人，有部分是屬於頂客族群，雖然各方條件俱優，但他可能規劃一輩子皆不結婚，也不想生兒育

女。但是，在他生活過程當中，仍然會有想與他人分享的事物。對於這樣的事物，如果他無法找到可以分享的對象，那麼極有可能讓他覺得孤獨失意心情鬱悶。相反地，如果他擁有可以分享生活點滴的對象，那麼他必然能心情愉悅地享受它的生命與生活。有一天，當他覺察自己生命即將結束之時，雖然他未曾擁有所謂的家庭，但他仍會想要有人可以分享他的生命。對我們而言，這種期望與他人分享生命的想法即是一種傳承的想法。的確，在其所擁有的條件當下，他無法找到有血緣的親人，也意味著在血緣關係上人死家滅。但是，站在生命傳承的角度而言，他未必是人死家滅，如果他能找到有人願意分享他的生命，那麼他即是一個生命的傳承者。由此可見，孝道的要求並非只具有血緣傳承的意義而已，它也可以彰顯另一種生命傳承的意義[9]。究竟意義是何者，端視我們的選擇為何？

　　根據上述的探討，我們可以理解孝道在傳統血緣傳承的意義之外尚存在著有生命傳承的另一種意義。從所存在的意義來看，即使家庭關係已不復存在，但我們依然可以繼續擁有孝道的要求。因為，此時孝道的要求已不再是單純血緣關係的傳承，它也是生命本身的傳承。既然是生命關係的傳承，那麼在傳承上我們即不能單從血緣的關係來理解，否則必然把孝道的

---

[9]請參見尉遲淦（2013），〈從儒家觀點省思殯葬禮俗的重生問題〉，《儒學的當代發展與未來前瞻——第十屆當代新儒學國際學術會議論文集》，頁964-965，深圳：深圳大學。

要求看得過於狹隘而失眞。如果我們不想犯下這個錯誤，那麼轉從生命的傳承來思考孝道的要求會是一個極爲恰當的作爲。

探討至此，我們猶有一個問題尚待討論，亦即是此傳承的目的何在？根據我們的了解，一個人之所以關注傳承，即表示此人極爲在意這個生命課題。如果在其有生之年未能完成他所關注的這件事情，那麼他必然深感遺憾。若未能在了無遺憾的情況離開世間，在傳統禮俗的認知下即表示此人死得極不安心。既然死得不安心，亦表示其死亡的狀態一定是一個不好的狀態。對他而言，這樣的狀態即非是傳統禮俗所認知的善終狀態。果是如此，則其必然深感這一輩子過得很不值得。一旦出現如此的感受，也必然開始質疑自己的一生，使其一生不再具有正面的價值。如此一來，他的生命即會處於黑暗之中，無法獲得眞正的安頓。對此人而言，這個安頓至爲重要。因爲，如果他可以得到安頓，則其必然可以了無遺憾的離開。如果無法得到眞正安頓，則其即難以安心死去。就我們的理解，這樣的安頓即是所謂眞正的生死安頓。

同樣地，對於綠色殯葬的問題，我們一樣要從文化的相容直探生死的安頓。因爲，如果綠色殯葬在文化上有其相容之道，則在生死的安頓上即有存在的可能。反之，如果其於文化的相容上無法找到共通之處，則其於生死安頓上必然困難重重。就此而言，綠色殯葬是否眞足以安頓我們的生死？若果爲是，則當代對於綠色殯葬的引進未來必定成爲我們殯葬的主

流。若無法安頓我們的生死，則綠色殯葬顯然無緣於當代的殯葬主流。所以，為了確認綠色殯葬是否得以安頓我們的生死課題，我們有必要進一步了解綠色殯葬背後的科學主義思想是否亦足以安頓我們的生死？

 ## 第三節　科學主義的省思

首先，我們探討綠色殯葬於文化上是否存在著與我們文化傳統的相容性？如果確實存在著與我們文化傳統的相容性，那麼綠色殯葬被接受的可能性相對即高。如果不具有此相容性，則其被接受的可能性即會降低。就此點而言，綠色殯葬是否可以與我們的文化傳統相容是一個重要的判斷。那麼，究竟綠色殯葬是否可以與我們的文化傳統相容呢？從表面觀之，兩者彼此間的相容似乎不太可能。因為，無論是土葬或火化進塔，兩種葬法皆與綠色殯葬毫無相容的空間。不過，在此我們並無須過於灰心。其理甚簡，因為我們的主流文化傳統不僅僅只是儒家和佛教而已。其中，儒家思想的殮屍下葬入土為安是典型的土葬做法，而佛教的捨離荼毗則與火化進塔關係最為密切。事實上，除了這兩種主流的文化傳統外，還有一種主流的文化傳統，叫做道家。過去，道家由於幾乎未曾提出對於殯葬的對應做法，因此一直被視為只是一種單純的哲學思想，或是一種修身養性的修練法門。但是，自從出現綠色殯葬課題之後，道家

的思想終於有了相對應的葬法，亦即是自然葬的葬法[10]。由此可見，在主流的文化傳統上綠色殯葬是另有與之相應的道家思想。

其次，在生死安頓上綠色殯葬是否足以安頓我們的生死？對於這個問題，我們不能直接從綠色殯葬本身著手。因為，綠色殯葬是否可以安頓我們的生死，並非由綠色殯葬本身所定的，而是取決於它背後思想影響的結果。因此，如果我們意圖掌握問題的真正答案，那麼即必須深入綠色殯葬背後的思想，亦即是所謂的科學主義。如果我們並未曾深入綠色殯葬背後的思想，那麼縱使我們有意回答這個問題，也將是緣木求魚而已。其中，最大的理由在於綠色殯葬只是一種殯葬的做法，它要有什麼樣的意義端視其背後支撐的思想為何？如果其思想內蘊足以安頓生死，則存在於此的綠色殯葬即會出現安頓生死的能力。反之亦然。所以，綠色殯葬是否足以安頓生死，端視它背後的思想是否具有如此的能力？

那麼，究竟科學主義是否具足安頓生死的條件呢？表面觀之，只要是任何一種思想都應該各有其安頓生死的力量。因為，所有的思想皆宣稱它完全理解這個世界並有其相通之道。不僅如此，它猶認為其理解最為正確，其所提出的即是永垂不

---

[10] 我們這樣說的意思，不是說道家對於自然葬的葬法完全沒有著墨，而是說它只簡單點到為止，沒有像今天說的那麼複雜完整。所以，過去一直沒有形成相應的葬法。

朽真實不虛的真理。果若爲實，對於生存於此世界的我們而言，只要依據它所提供的真理即可安身立命、了生脫死、逍遙而去。如此一來，在生死的問題上我們當不致於存有任何的困惑，而可以視死如歸無畏生死。就此點而言，它對我們的生死安頓必然無所疑慮。

可是，科學主義是否即具有如此的思想內蘊？若果爲是，則其對我們的生死安頓必然毫無問題。若果爲非，則其必將無法滿足我們對於生死安頓的需求。那麼，它究竟是抑或不是？對於這個問題，我們不能提供想當然耳的答案，而需要更進一步的探討，檢視此項思想是否真的足以安頓我們的生死？因爲，只有在確實檢討該項思想之後，我們方有資格證明所提供的答案確實無誤。否則，單憑表面判斷的結果，必然遭受各種可能的質疑而無法令人信服。

那麼，科學主義足以安頓我們的生死嗎？爲了回答這個問題，我們需要回到科學主義的基本主張。對科學主義而言，這個世界所呈現出來的主要就是經驗。除了經驗以外，別無它物。因此，我們在判斷這個世界時即必須根據經驗的呈現來判斷。如果一個事物的存在是可以經由經驗呈現於外，則此事物即被認爲是真實的存有。反之，若其存在無法呈現於經驗當中，則此事物即被視爲是非真實的存在。因此，一個事物到底是否真實的存在，完全取決於其是否能經驗中呈現？

果若如此，此是否亦意味著要檢視我們的生死安頓可否在

經驗中呈現嗎？以及在經驗中所呈現的是什麼？對科學主義而言，我們的生死安頓指的是生死的經驗。

如果此生死的安頓是可以由經驗中呈現出來，顯然這樣的經驗即得以被證實而承認爲眞。反之，如果這樣的經驗不能被呈現出來，那麼這樣的經驗即不會被證實而承認爲眞。所以，這樣的經驗能不能被呈現是一個極爲重要的判斷。那麼，究竟這樣的經驗到底能不能被呈現呢？如果這樣的經驗是我們感覺生活的經驗，那麼這樣的經驗理當是可以被呈現的，所以其眞實性也必然不會有其問題。

但是，我們要問的是這樣的感覺生活只是一種感官的覺知嗎？如果只是一種感官的覺知，顯然在生死的理解上，這樣的感覺指的只是活著的這一段。因爲，當我們活著之時我們確實可以用感官去感覺我們的活著。然而，一旦死亡來臨，我們卻無法去感覺到死亡。因爲，在死亡發生時我們已然是沒有感覺的存在。這時，我們唯一剩下的僅僅是屍體而已。對屍體而言，它已不再是活著的存在，所以必然不會有任何的感覺。既然如此，顯然科學主義可以安頓的生死即是我們活著的這一段[11]。

問題是，這樣的安頓算不算是安頓生死呢？嚴格言之，這

---

[11]請參見尉遲淦（2014），〈科學的生死觀及其限度〉，《2014輔英通識嘉年華學術研討會——通識學術理論類與教學實務類研討會》，頁5，高雄：輔英科技大學共同教育中心。

樣的安頓其實不能算是真正的安頓生死。因為，它所安頓的頂多只能說是安頓了生，並沒有安頓死。對它而言，死亡的出現讓它無法安頓。果真如此，那麼我們即需要進一步的問，何以它不能安頓死呢？這是因為它認為死並不在經驗的這一端。如果要我們進入死的那一端，除非我們能證明死亡之後人猶仍是可以有感覺的。遺憾的是，對它而言，這一點似乎難以做到。之所以如此，主要理由是做到這一點的結果會讓它改變原有的主張，使得它沒有辦法一致地堅持感覺的決定性。

不過，問題也未必全然只能有這樣的答案。因為，對它而言，如果它想堅持感覺的決定性，那麼它即必須面對一個難以回答的質疑，亦即是感覺決定性的真實性是由誰所決定？如果是由感覺所決定，那麼這樣的感覺要如何感覺？因為，這樣的感覺是超出感覺的時間性。對一個主張感覺的思想，是不允許感覺超出時間的範疇。只要一超出，那麼這樣的感覺即不再是感覺了。所以，要感覺去證實感覺是不可能的，唯一的可能即是超出感覺。可是，一旦超出感覺，這樣的超出即破壞了它原有的主張，不再是用感覺來評判一切。

經由這樣的反省，我們發現科學主義用經驗決定一切的做法有其存在的問題。如果它堅持用經驗決定一切的主張，那麼它即會被自己的堅持所困住，不再能夠維持原先的主張。如果他不想堅持這樣的主張，而回歸經驗本身，那麼它即可發現它

仍可以找到其他的可能性。在此，這個可能性即是允許經驗以外的存在。只是這樣的存在到底在未來是否有被證實的可能，它即不可任意的下決定，而是應保留一個開放的可能。果是如此，那麼我們即可說科學主義並沒有辦法可以安頓生死，它最多只能安頓生而已。為了確認是否如此，我們仍有必要進一步反省這樣所安頓的生是否真的可以安頓？

根據上述的敘述，科學主義所安頓的生一樣是經驗的生。既然是經驗的生，那麼它一樣把範圍鎖定在經驗之上。問題是，這樣的生只是感覺的生。因為，只有感覺的生它才能承認為真。至於在感覺之外的其他經驗，它即不認為是真的。就算要承認它的真，也只認為這樣的真是主觀的真。如此說來，似乎它是可以承認感覺以外的真了。事實不然，這樣的真之所以被承認，係來自於它和感覺的關係。換言之，這樣的真只是感覺的變形，而不是在感覺之外另有一種新的真。因此，科學主義對於生的安頓也只能安頓經驗的生而已，而且是感覺的生。對於感覺之外的精神存在，它是無法加以安頓的。既然如此，那麼我們怎麼可以說它可以安頓生呢？畢竟經驗的生只是偶然的生，並沒有辦法讓我們產生必然的感覺。如果是在缺乏必然性的情況下，顯然我們所經驗的生是屬於漂泊的，而不具穩定性。由此可見，科學主義對於生死的安頓既不能安頓生也不能

安頓死[12]。以下，我們試舉一例說明。

例如一個人相信科學主義，在其有生之年，他篤信它可以安頓他的生，在其死亡之時，它也可以安頓他的死。然而，一旦當他面對自己身後事的抉擇之時，他認為綠色殯葬足以安頓他的生死。可是，在其安頓之時，究竟他發現自己所安頓的是什麼呢？這樣的安頓足以讓他安心嗎？此時，他方發現科學主義所安頓的只是感覺的經驗而已，這樣的經驗無法讓他肯定自己生命存在的價值，最多只能說他如是過了自己的一生。至於這一生的價值該如何定位，事實上科學主義並無法提供相關的判斷。因為，科學主義只能做事實的敘述。在此種情況下，他的生必然無法獲得肯定。換言之，這樣的思想無法安頓他的生。同樣地，在死的部分，由於科學主義無法對死後的生命有所肯定，它也不能安頓他的死。最後，只能說人死如燈滅。既是如此，人終將一死如同燈滅般，人又何需在意其死後的處理作為，即使不處理亦當無妨。在此種認定下，此時綠色殯葬的處理即變得毫無意義，也無法讓他覺得其死得安。

在生死無法兩安的情況下，我們只能在科學主義之外尋求新的可能。亦即是說，綠色殯葬並無法安頓我們的生死。如果綠色殯葬想要安頓我們的生死，那麼就必須在科學主義之外尋

***

12請參見尉遲淦（2014），〈科學的生死觀及其限度〉，《2014輔英通識嘉年華學術研討會——通識學術理論類與教學實務類研討會》，頁5-7，高雄：輔英科技大學共同教育中心。

找新的思想依據，讓這樣的思想依據成為我們安頓生死的來
源。否則，在無法安頓生死的情況下，綠色殯葬要替代舊有的
土葬和火化塔葬成為我們殯葬的新選擇即會變得困難重重。

第五章
從傳統文化中尋找新的思想資源

- 道家思想的提出
- 莊子對自然的看法
- 莊子的自然葬思想

 ## 第一節　道家思想的提出

　　經過上述的探討，我們已然清楚綠色殯葬要成為我們的新選擇即必須能夠安頓我們的生死。如果不能，那麼它即難以成為我們的殯葬新選擇。如果可以，那麼即不會有問題。可是，從上述的探討來看，在科學主義的思想背景下，綠色殯葬是不可能成為我們的新選擇。因為，科學主義並沒有辦法安頓我們的生死。在此種情況下，綠色殯葬如果真的要成為我們的新選擇，那麼它必須尋找新的思想依據，看這樣的依據是否足以安頓我們的生死？

　　正如上述所言，如果這樣的依據要從文化傳統來找，那麼我們要找的即不能是儒家和佛教。因為，儒家和佛教是土葬與火化進塔的依據，此兩者不可能成為綠色殯葬的依據。如果此兩者想要成為綠色殯葬的依據，那麼其調整的幅度可能即要寬大一點。對我們而言，這樣的調整即會變得更加麻煩。更何況，這樣的調整是否能成功也將會是個問號。事實上，在未曾正式嘗試之前其結果會是個未知數。而今，在各家的思想依據中，我們已然確定道家的思想原則上是與其相應的。既然如此，那麼我們何需捨近求遠另尋他途，直接從道家入手即足矣。

　　如果確認是從道家入手，那麼由誰入手較為合宜呢？一般

而言，在道家的思想中最有名的當屬老子與莊子二人。其中，老子爲道家的創始人，而莊子則是集大成者。本來，無論是創始人或集大成者皆毫無問題。因爲，他們所提供的思想方向必然是一致無出其右。既然其思想脈絡系出同源，那麼縱使其中有一些內容上的出入，其差異性於基本上理當不致影響它們的思想方向。若是如此，則無論我們選擇誰做爲探索的對象皆不影響其後的結論。表面觀之，這樣的判斷絲毫沒有邏輯上的困頓之處。可是，我們亦不可忽略了一個重要的思想脈絡，今天之所以要從道家入手並非只是盲目隨機的一項任意作爲，而是有其確定的理由。因此，當我們在做此選擇之時即已考慮其所存在的理由。因爲，如果在沒有考慮相關理由的情況下即任意選擇，則其選擇往往出現未必合適的窘況。如此一來，即會讓此選擇失去其原有的用意。

那麼，我們要採取何種作爲才能避免這樣的困擾？在此，我們必須回到綠色殯葬本身。由於上述的探討，讓我們知道問題係出於綠色殯葬背後的思想不足以安頓我們的生死，因此才會進一步意圖從文化傳統中尋找新的思想資源。既然如此，那麼我們在尋找時即必須扣緊這樣的需求，探索何種思想可以滿足我們的需求？就我們所知，老子雖然是道家的創始者，但是他並沒有直接針對殯葬的部分提出任何的言論。事實上，其所著五千言中所談論的一切，最多只是與生死有所關聯而已。有關殯葬的課題，直到莊子的出現方進入道家的談論範圍。尤其

是在生死的議題上，莊子不但談論生死，還談論得非常的多。多到像傅偉勳教授所說的那樣，把自己整個生命投入生死問題的實存主體性探討中，成為中國最早談論生死，以心性體認作為本位的中國生死學的開創者[1]。

在莊子的著作中，我們很明顯地看到他對殯葬的看法。也就是這樣的看法，讓過去的人時有對莊子形成負面的評價，認為他對人的死亡處理不夠尊重。直到今天，在綠色殯葬的引進下，我們方理解莊子所提出的殯葬作為並非對於死亡不尊重，而是另外一種深遠具智慧且可以讓我們接受的處理方式。只是在此，我們有必要提醒所有的人其處理方式是如何地尊重亡者的真相與意義？如果我們無法做到此點，那麼縱使我們告訴所有的人其精神完全吻合西方最先進的做法，是最符合環保要求的做法，恐怕也無法讓大家感受到其尊重亡者的真相與意義在何處？此時，我們的處理極有可能被視為是一種類似處理廢棄物的作為。因此，我們在處理時必須特別謹慎，不可誤以為符合時代價值即是有尊嚴的體現。

既然體現尊嚴不能只是符合時代價值的要求，那麼我們又將如何從莊子的說法當中找到尊嚴？對於這個問題，我們可以從莊子精彩的篇章中找到答案。那麼，要從何處入手呢？當

---

[1]請參見傅偉勳（1993），《死亡的尊嚴與生命的尊嚴》，頁173，台北：正中書局。

然，我們只能從莊子討論自然葬的相關文章中去找。在莊子
《列禦寇》中就有過這樣的敘述：

> 莊子將死，弟子欲厚葬之。莊子曰：「吾以天地爲棺槨，
> 以日月爲連璧，星辰爲珠璣，萬物爲齎送。吾葬具豈不備
> 邪？何以加此！」弟子曰：「吾恐烏鳶之食夫子也。」莊
> 子曰：「在上爲烏鳶食，在下爲螻蟻食，奪彼與此，何其
> 偏也！」[2]

既是如此，我們如何從上述的敘述中梳理出莊子所提出的
自然葬作爲是蘊含著對死者的尊嚴性呢？如果我們單就莊子前
文中最末句的回答觀之，似乎人死亡之後無論埋葬與否，其結
果皆必然淪爲其他生物的食物。若果如此，那麼就食物的角度
而言，莊子的主張並未超出物質的層次。在沒有超出物質層次
的情況下，我們要說莊子比綠色殯葬高明，而且可爲人們帶來
尊嚴，這樣的說法其實無異是五十步笑百步耳。因爲，無論是
食物或廢棄物皆只是物質的一種而已，並無所謂的尊嚴可言。
如果要談及尊嚴，顯然我們即不能停留在物質的角度，而必須
回到精神的層次。

果真如此，那麼有關上述敘述的重點確實不能放在食物的
角度，而應該從精神的角度深入探討。對莊子而言，上述敘

---

2 [清] 郭慶藩，《莊子集釋》，頁1063，北京：中華書局。

述的關鍵重點在其最後的四個字「何其偏也」，表示「奪彼與此」是一種偏頗的作為。那麼，莊子何出此言？此乃相對於當時儒家被視為厚葬久喪的作為而來，莊子認為厚葬久喪的作為徒增困擾完全無此必要。因此，他藉著屍體的際遇來凸顯這樣的不合理。如果一個人對萬物一視同仁沒有偏頗之心，則其於埋葬之時即不會偏頗任何一方？無論是地下的或是地上的生物？在不偏頗的情況下，他即可以公平地對待萬物。如此一來，其即可不受萬物的限制，自由自在地存在著。對莊子而言，如何凸顯此自由精神方是其論述之重點[3]。

如果單從此點觀之，則其與綠色殯葬截然不同。因為，綠色殯葬的尊嚴係建立於環保的時代價值之上，而其尊嚴則是反映於自由自在的精神領域。對一個人而言，其所需配合何種的時代價值端視其所處的時代是一個什麼類型的時代？如果此時代強調環保價值，則其必然配合於環保價值。如果這個時代是強調其他價值，那麼他就配合其他價值。換言之，其配合並非取決於其自由自在選擇的結果，而是來自於其時代的壓力。一旦此種壓力有所改變，那麼他即可能因此而跟著改變。相反地，莊子的認知完全不同，他的選擇並非來自於時代的壓力，而是取決於自己內心的真實選擇，是一個純然自由自在的選

[3]請參見尉遲淦（2007），〈論莊子的生死觀〉，《第27次中國學國際學術大會論文集》，首爾：韓國中國學會，頁337-338。

擇，其已超越了一切的限制。因此，他能成就的尊嚴即是一種
完全自由抉擇下的尊嚴。

 ## 第二節 莊子對自然的看法

在確認莊子的自然葬並非是毫無尊嚴的自然葬，而是有尊
嚴的自然葬之後，我們接著進行莊子對自然看法的探討，反省
當如何理解自然方能擁有莊子自然葬的尊嚴？根據前人的研
究，我們可以理解道家的自然思想係針對儒家有爲、不自然的
思想而來。既是如此，究竟道家何以把儒家的思想看成是有
爲、不自然的呢？在此，我們可以有兩種不同的解讀方式：一
種是這種有爲、不自然是一定不能存在的；另一種則是這種有
爲、不自然是不得不的存在。就第一種解讀的方式觀之，儒家
的思想根本即無其存在的價值，它對於道德的種種說詞皆是錯
誤。如果人間根本即無道德的存在，則此世界即會變得更好。
而今，人間即是由於有了這些道德作爲的存在，因此而讓這個
世界變得更亂。所以，爲了要讓這個世界恢復正常，我們必須
取消這些道德上的人爲造作，亦即是必須取消所有人爲、不自
然。

由表面觀之，這樣的解讀似乎並無問題，也似乎是言之成
理。但問題是，如果我們真的如此解讀，毫無疑問的我們即會
陷入一種困境之中，此意謂著這樣的人間根本不可以有道德的

存在。然而，就我們本身的經驗而言，讓人間不存在道德幾乎是一件不可能的事情。既然無此可能，那麼莊子卻要做這樣的堅持，此豈非正明白表示莊子根本是一位胡思亂想的空想家罷了！

但是，若從歷史的發展脈絡來看，莊子似乎又不是此類型的人物。因為，在歷代的解讀中並沒有發現任何將莊子看成是胡思亂想的空想家的記載。事實上，莊子的思想是被視為儒家思想的最佳互補者。因此，到了漢代以後即有陽儒陰道的說法，此即表示儒家的作為需要有道家調節的意謂。如果儒家的作為缺少了道家的調節，則儒家的作為即有可能陷入過度陽剛，甚至於造成道德殺人的惡果情況。如果儒家的作為能加上道家的調節，那麼儒家的作為即不會出現上述的副作用，而可以有很好的發揮。就此點而言，我們對於莊子思想的解讀應該採取第二種解讀的方式方為恰當。

根據第二種解讀的方式，莊子對於儒家有為、不自然的批評即不是採取完全否定的態度，而是採取作用提醒的態度，認為只有有為仍猶不足。真的要讓有為發揮最大的效用，那麼即不能以不自然作為背景，必須從不自然的背景中跳脫出來，重新回復到自然的狀態。唯有如此，這樣的有為方不會帶來問題，亦因此而能發揮有為的真正效用[4]。所以，對莊子而言，

---

[4]請參見牟宗三（1983），《中國哲學十九講——中國哲學之簡述及其所涵蘊

這樣的有爲、不自然是不得不有的存在。只是在這樣的存在當中，我們不要忘記作用提醒的重要性，讓這樣的存在可以從不自然的狀態重新回歸自然的狀態。由此可見，自然在莊子思想中的重要性。

　　既是如此，在莊子的思想中，其又是如何理解自然呢？過去，對於這個問題有不同的解讀方式。對於莊子自然的詮釋，郭象如此注解：「莊子之所謂自然，不過曰順物之自爲變化，不復加外力，不復施以作爲而已。」[5]此意謂自然是不知所以然而然。當代吳康教授的理解，莊子思想本爲自然主義，所謂的自然者，就是自己存在，自己如此[6]。至於牟宗三先生則認爲道家的自然是精神生活的概念，自然就是自由自在，自己如此，無所依靠[7]。除此之外，有人認爲莊子對於自然的理解正如同西方的理解一般，把自然視爲是一種物質的存在。如果我們採取此種態度來看待，那麼莊子對於自然的理解即與西方科學主義對於自然環境的理解並無太大的差異。既然沒有太大的差異，那麼我們想要在莊子的自然思想當中找出綠色殯葬的不同樣貌即不可能。換言之，我們探討了半天等於是白探討了。因此，

之問題》，頁89-91，台北：台灣學生書局。

[5]請參見錢穆（1971），《莊老通辯》，頁385，台北：三民書局。

[6]請參見吳康（1969），《老莊哲學》，頁108，台北：臺灣商務印書館。

[7]請參見牟宗三（1983），《中國哲學十九講──中國哲學之簡述及其所涵蘊之問題》，頁90。台北：台灣學生書局。

我們對於莊子自然思想的理解一定不能採取這樣的理解方式。

不過，對於莊子的自然思想要用什麼方式理解也不是我們自己說了算，它必須有客觀的依據。如果有客觀的依據，那麼縱使我們不希望把莊子的自然思想理解成物質存在的思想，也不得不這樣理解。可是，如果沒有客觀的依據，那麼即使我們想把莊子的自然思想理解成物質存在的思想，亦是不可能的。就此點而言，我們要如何理解莊子的自然思想是要由相關依據來決定的。

如果是這樣，那麼上述把莊子的思想解讀成物質存在的思想是否即是一種有客觀依據的解讀方式？抑或是只是一種主觀推測的結果？對於這個問題，我們有必要做進一步的反省。就我們所知，莊子於《天運》篇中的確對於自然的現象曾經有過類似今天自然環境的描述，現引證如下：

天其運乎？地其處乎？日月其爭於所乎？孰主張是？孰維綱是？孰居無事推而行是？意者其有機緘而不得已邪？意者其運轉而不能自止邪？雲者為雨乎？雨者為雲乎？孰隆施是？孰居無事淫樂而勸是？風起北方，一西一東，有上彷徨，孰噓吸是？孰居無事而披拂是？敢問何故？[8]

根據這樣的引證，我們是否即可以充分證明莊子所說的自

---

8 [清] 郭慶藩，《莊子集釋》，頁493。

然即是物質存在的自然？在此，我們持保留的態度。之所以如
此，是因為這樣的解釋只是現象的描述。單從現象的描述就要
推論出莊子的自然就是物質存在的自然，我們認為這樣的推論
證據力其實是不夠的。如果他們希望這樣的推論可以被接受，
那麼即必須補充更進一步的證據才行。

　　那麼，他們是否能夠提供這樣的證據呢？對他們而言，他
們認為他們可以提供更進一步的證據。就我們所知，他們的證
據就是莊子思想當中有關「氣」的說法。按照他們的理解，氣
即是一種物質[9]。如果氣不是物質，那麼氣還可以是什麼呢？於
是，根據這樣的推測，他們認為代表天地萬物的自然當然即應
該從物質的角度來理解。如果不從物質的角度來理解，那麼有
關氣的說法即沒有辦法給予一個合理的解釋。所以，為了讓氣
的說法有一個合理的解釋，我們必須把自然視為物質的存在。

　　表面觀之，這樣的說法似乎言之成理。因為，他們確實提
出他們認為合理的解釋。可是，就我們的反省而言，我們發現
這樣的解釋其實還是有其存在的問題。那麼，這個問題出在哪
裡？就我們的了解，這個問題出在他們只知從客觀認知的角度
來理解，而不知從其他的角度來理解。對莊子而言，他的思想
不只具有客觀認知的一面，還有主體修證的一面。如果只從客

---

[9]請參見李霞（2004），《生死智慧——道家生命觀研究》，頁166-167，北
京：人民出版社。

觀認知的角度來理解，那麼這樣的理解即只是半邊的莊子，而不是莊子的全貌。更重要的是，這種半邊的理解不見得就理解了莊子的一半。事實上，這樣的理解可能誤導了莊子的思想，讓我們以為莊子的思想就像他們所說那樣。從這一點來看，這樣的理解其實是錯誤的。

如果我們不想錯誤地理解莊子的思想，那麼即不能只是從客觀認知的角度來理解莊子。相反地，我們必須從主體修證的角度切入[10]。因為，對莊子而言，其思想並非是西方的思想。如果是西方的思想，那麼從客觀認知的角度切入必然是相應的。但是，莊子的思想不是西方的思想，而是中國的思想。對中國人而言，思想的目的不在於客觀的認知，而在於生命的修證。倘若一個思想對於生命的修證沒有幫助，那麼這樣的思想只是戲論，實在沒有提出的必要。尤其莊子在談論到生命修證的精神修為時，不認為這種修為是一種精神的自我麻痺，而認為這是一種修證的成果[11]。因此，我們如果真的想要理解莊子，那麼就必須從主體修證的角度切入。

根據這樣的了解，我們對於莊子的思想即不能再從客觀認知的角度去理解，而要轉從主體修證的角度去理解。那麼，我們要怎麼做才能從主體修證的角度去理解？對莊子而言，這種

[10]請參見王邦雄（1999），《21世紀的儒道——儒道兩家思想的現代出路》，頁195-206，台北：立緒文化事業有限公司。
[11]請參見吳汝鈞（1998），《老莊哲學的現代析論》，頁152。

修證的根據即是「道」。在莊子的認知當中，「道」有兩層主要的意義：一層是主體的意義，一層是形上的意義。由於有主體的意義，所以我們可以藉由主體的修證契入道的境界。同時，由於有形上的意義，所以我們的主體修證所契入的境界，才不會只有主觀的意義，而可以有客觀的意義[12]。基於此，首先我們即不能從客觀現象的描述開始。因為，這樣的描述只是一種經驗的描述。其次，我們亦不能單從推論的角度去推論經驗背後的存在是一種怎麼樣的存在？因為，這樣的推論只會讓我們誤以為經驗背後有一個實體的存在，彷彿這個存在可以支撐這樣的經驗。實際上，這樣的形上存在並無法獲得證實，最多只能說是一種可能性，而不能說是一種必然性。可是，我們要的是一種必然性，這樣才能證實它真的是我們所要的形上存在。

　　在避開這兩個不相應的做法以後，我們得以進一步提出相應的做法。那麼，這個相應的做法為何？就我們所知，即是心齋、坐忘的修證方法。在此，我們先說明心齋的內容。從莊子《人間世》的描述來看，所謂的心齋即是：

　　若一志，無聽之以耳而聽之以心，無聽之以心而聽之以氣！耳止於聽，心止於符。氣也者，虛而待物者也。唯道

---

[12]請參見邱達能（2007），《從莊子哲學的觀點論自然葬》，頁62。

集虛。虛者，心齋也[13]。

　　根據這樣的描述，我們知道一個人要體證所謂的道，即必須讓自己的心進入虛的存在狀態。可是，要怎麼做才能讓自己的心進入虛的存在狀態？按照莊子的說法，即是要讓自己的心不依耳而聽、不依心而聽，而要處於虛的存在狀態，像道一般。「喪我」與「無我」同義，是心靈將形體遺忘了、擺脫了、消解了，擺脫了形軀的負累，得到全然的自由。「心齋」是透過耳、心、氣的修鍊，達到虛靜、道通為一的境界，是內在心靈的超昇，能安時處順人世間的一切困境危逆。如此一來，我們即得以進入體道的境界。

　　其次，我們說明坐忘的內容。根據莊子《大宗師》的描述，所謂的坐忘即是「墮肢體，黜聰明，離形去知，同於大通」。「坐忘」是離形去知，擺脫肉身的生理欲望，去除分別之心、對象之知，進而消解主體，同於大道。對莊子而言，儒家的體證型態是一種有為的型態。就這樣的描述來看，一個人如果要體道，也就是同於大通，那麼即必須離形去知，否則在形與知的限制下，人是無法體道的。就此點觀之，心齋與坐忘其實皆是要人從耳與心、形與知這些有限的認知工具超越出來，回歸到虛與大通的無限狀態。事實上，莊子意圖透過「心齋」、「坐忘」的功夫，拋棄理智區分而體「道」，並從

---

[13]《莊子‧人間世》。

「道」的角度看待生死，真正了解生死的實相而「外生死」。此以「虛心」和「吾喪我」作為面對死亡的際遇，根本入於「不生不死」的境界。[14]唯有如此，人才能進入契合道的存在狀態，也才能進入道的境界當中。

　　當我們順著這樣的主體修證的進路契入道的境界以後，即可以進一步了解這樣的道是一種怎麼樣的道？易言之，這樣的自然是一種怎麼樣的自然？在此，我們如果順著老子對於道與自然關係的理解，即能清楚道即是自然，自然即是道。所謂的道法自然，其實即是道法自己。所以，道法自然的意思即是無所法。對於這樣的關係，到了莊子更加清楚。於是，在莊子的《繕性》中才會出現這樣的描述：

> 古之人在混芒之中，與一世而得澹漠焉。當是時也，陰陽和靜，鬼神不擾，四時得節，萬物不傷，群生不夭，人雖有知，無所用之，此之謂至一。當是時也，莫之為而常自然。[15]

　　此表示道即是自然，在道之外即無所謂的自然。既然道即是自然，那麼這樣的自然是一種怎麼樣的自然呢？從上述主體修證的進路觀之，這樣的自然即不可能是經驗的自然。因為，

---

14 請參見鄔昆如（1994），〈莊子的生死觀〉，《哲學與文化》，頁589。
15 《莊子・繕性》。

經驗的自然是經過感官的認知而有的。如果這樣的自然不是經驗的自然，那麼此自然當然即更不可能是物質的形上存在。其理甚簡，即是物質的形上存在是來自於經驗自然推論的結果。

在確認這樣的自然不是經驗的自然亦非物質實體的自然之後，我們進一步來看這樣的自然是一種怎麼樣的自然？從上述主體修證的進路觀之，這樣的自然是在體驗中呈現的。因此，我們可以初步地把這樣的自然看成是體驗的自然。不過，只有這樣的理解仍猶不足。因為，體驗的自然可以有不同的理解。例如把自然看成是一種精神的存在，具有實體的性質。那麼，莊子的自然事不即是這樣的自然呢？根據牟宗三先生的研究，莊子的自然並非是這樣的自然。實際上，這樣的性質只是一種姿態、一種意味，並不具實質的意義[16]。

果真如此，那麼我們即可以理解郭象在詮釋莊子的自然時，何以會有「莊子之所謂自然，不過曰順物之自為變化，不復加以外力，不復施以作為而已」的說法？事實上，根據這樣的說法，莊子所謂的自然即是無為而化、自然如此。那麼，這種無為而化、自然如此的狀態究竟又是一種怎麼樣的狀態呢？就牟宗三先生的理解而言，此種狀態即是一種作用保存的狀態，讓萬物皆得以如其自己地存在著。換言之，莊子的自然即

---

[16] 請參見牟宗三（1983），《中國哲學十九講──中國哲學之簡述及其所涵蘊之問題》，頁127-132，台北：台灣學生書局。

是一種具有作用保存的自然，而非是具有實體意義的自然[17]。此正是何以我們於上一節末所堅定的言說，莊子的自然葬是從完全自由的抉擇中所揭露出來的尊嚴葬法？

第三節　莊子的自然葬思想

　　在了解莊子對於自然的看法以後，我們緊跟著深入探討莊子對於自然葬的看法。那麼，莊子對於自然葬究竟是提出何種的主張呢？就我們的了解，莊子對於自然葬的看法並非憑空想像得知。相反地，他對自然葬的看法是有其針對性。如果不是持有這樣的針對性，顯然莊子也未必能提出他對自然葬的看法。那麼，他所針對的對象為誰呢？就我們所知，他所針對的對象直指儒家有關喪葬的看法。

　　在此，我們自然會提出一個疑問，即是莊子何以只針對儒家的喪葬思想作批評？難道這只是學派之間的意氣之爭嗎？根據我們的了解，莊子並非從學派的角度專門針對儒家的喪葬思想提出批評，而是針對一般人在喪葬處理上的作為作批評。只是在批評儒家的喪葬思想之時，碰巧這樣的思想剛好與一般人普遍使用的喪葬看法是一致的。因此，在批評儒家喪葬思想的

---

[17]請參見牟宗三（1983），《中國哲學十九講——中國哲學之簡述及其所涵蘊之問題》，頁132-136，台北：台灣學生書局。

同時，也在反省當時一般人對於喪葬的看法是否恰當[18]？

　　事實上，儒家即為推崇孝道，把養生送死等量齊觀，甚且重視送死的程度超過養生[19]。對儒家而言，殯葬問題的產生是來自於人子與父母的死別。在整個死別的過程中，人子無法妥適安頓他與父母之間的親情。因此，我們必須讓這一份親情能夠得到適切的規範，避免這份親情在死別的過程中變質，讓人子與父母無法獲得生死兩相安的效果[20]。因此，就儒家的喪葬思想而言，人死之時孝子必須要竭盡孝道。那麼，他要怎麼做才能盡孝道？首先，他不能讓父母的遺體曝屍荒野。如果他讓父母的遺體曝屍荒野，那麼其即屬不孝。當他無法表達孝道之刻，其內心必將產生強烈的不安之感。因為，殯葬處理的重點不在於外在的處理方式是如何的講究，而在內在的心安與否。人在良心不安的情況下，其必然會調整自己對於父母遺體的作為，正如同孟子所說「君子不以天下儉其親」[21]那樣。其次，在上述經驗的考慮下，他就會用土葬的方式來安葬父母，希望父母可以入土為安。經過這樣的過程，人子即盡了他的孝道。

　　對儒家而言，此意謂著一個人如果不在這一方面盡心盡力

---

[18] 請參見尉遲淦著（2007），〈論莊子的生死觀〉，《第27次中國學國際學術大會論文集》，首爾：韓國中國學會，頁337。

[19] 請參見徐吉軍（1998），《中國喪葬史》，頁102，江西：江西高校出版社。

[20] 請參見邱達能（2007），《從莊子哲學的觀點論自然葬》，頁28。

[21] 《孟子·公孫丑下》。

的表現，那麼即表示他不孝順。於是爲了證明自己是眞的很孝順，不管父母生前自己如何對待他們，只要父母的身後事能夠依照社會的要求去完成，即表示自己已經盡了該盡的孝道。可是，這樣做的結果非但無法將孝道表現出來，反而造成了孝道的淪喪。同時，更形成了喪葬處理的形式化現象，無法顯現出原有的道德精神。因爲，這樣的考慮不只是和父母的安葬有關，更和孝道的實踐有關。如果人子不能這樣去實踐其孝道，此意謂著其於父母生前所做的一切，徒然是一種表面的功夫而已。爲了證明其孝道實踐沒有父母在或不在的分別，所以儒家非常強調父母死後的喪葬作爲，認爲經由這樣的作爲即可證明他的孝順是生死如一的。

　　雖然儒家對於土葬有這樣的背景考慮，但是這不表示這樣的喪葬作爲即毫無問題。對莊子而言，這樣的喪葬作爲並沒有公平對待天地萬物。實際上，這樣的作爲夾雜了太多的人爲造作。當我們在爲父母的安葬問題大傷腦筋之時，不知不覺當中即對天地萬物產生了分別心，忽略了公平對待天地萬物的必要性。因此，爲了公平對待天地萬物，莊子才對儒家的喪葬思想作了批評。正如莊子《列禦寇》所記載的那樣：

　　莊子將死，弟子欲厚葬之。莊子曰：「吾以天地爲棺槨，以日月爲連璧，星辰爲珠璣，萬物爲齎送。吾葬具豈不備邪？何以加此！」弟子曰：「吾恐烏鳶之食夫子也。」莊

子曰：「在上爲烏鳶食，在下爲螻蟻食，奪彼與此，何其偏也！」[22]

不過，上述對於莊子自然葬思想的記載所傳達的訊息不只是一種公平對待的思想，它還告訴我們具體的作爲。莊子從物性平等的立場，將人類從自我中心的侷限性中提升出來，以開放的心靈觀照萬物，了解物物都有其獨特的意義內容[23]。如果只是一種單純的思想，那麼這種思想當只是一種傳達環境正義的思想。對我們而言，這樣的思想並不足以成爲綠色殯葬背後思想的依據。如果這樣的思想要成爲綠色殯葬背後思想的依據，那麼這樣的思想就必須同時具備具體的作爲。只有在有具體喪葬作爲的情況下，我們才能說這樣的思想是可以作爲綠色殯葬的背後思想依據，也才能說出這樣的喪葬思想和具體作爲是否足以成爲綠色殯葬新的思想依據？

那麼，根據上述的記載，莊子對於喪葬的作爲和儒家有何不同？關於這個問題，我們可以分從兩個部分來看：第一個是葬具的問題；第二個則是葬法的問題。首先，我們從葬具的問題談起。就我們的了解，人類不是一開始即會使用葬具殮屍。因此，早期才會有曝屍荒野的說法。不過，當人類開始使用葬具之後，人類即把葬具當成喪葬處理的必備用品。對儒家而

---

[22]《莊子‧列禦寇》。
[23]請參見陳鼓應（1975），《莊子哲學探究》，頁91，作者自版。

言，這樣的處理方式不是沒有意義的。事實上，儒家認為這樣
的處理方式具有濃厚的道德意義，表示人子不希望自己父母的
遺體受到其他生物的傷害。

　　本來，這樣的主觀期望也沒有什麼問題。問題是，如果我
們把父母的遺體裝入棺木之中，是否即可以達到不受傷害的目
的？對於這個答案，莊子抱持懷疑的態度。因為，父母的遺體
在棺木之中似乎暫時可以避開其他生物的傷害。但是，最終仍
是難逃其他生物的傷害。既然如此，那麼我們何須多此一舉
呢？倒不如直接以天地為棺槨來得乾脆一些！更重要的是，這
樣的作為更能凸顯人來自於自然就應該回歸自然的想法。

　　其次，我們討論葬法的問題。對人類而言，早期曾經有過
一個曝屍荒野的階段。不過，後來在道德意識的作用下，這種
曝屍荒野的做法就逐漸被土葬的做法所取代。那麼，這種土葬
做法的最主要目的為何？正如上述有關葬具的討論，這種土葬
做法的最主要目的即是保護父母的遺體，讓父母的遺體不至於
受到其他生物的傷害。如此一來，人子在父母遺體經過喪葬處
理之後即會安心。就我們的了解，這種作為的結果即是入土為
安的說法。

　　站在儒家的立場而言，此種入土為安的結果至為重要。如
果不能入土為安，那麼人子即無法善盡孝道，也就不會心安。
可是，站在莊子的立場，他認為這樣的入土為安其實並不能真
正的安。因為，父母的遺體雖然盛殮於棺木之中，並埋葬於泥

土裡，但是棺木仍會有腐朽之時，土中也會有其他的生物，父母的遺體最終仍然無法避免遭受到傷害。如果真的希望避開這樣的傷害，則其重點不在於我們的具體作為為何？而在於我們的基本心態為何？如果我們的心態正確，則其問題即自然消失。如果我們的心態並不正確，則其問題即會繼續存在。因此，關鍵不在於作為而在於心態。

那麼，究竟莊子告訴我們應有的心態又當是何者呢？在此，我們有兩個問題需要事先澄清：其一是對於父母遺體的變化要有確實的認知，能清楚的意識這種變化到底是一種傷害抑或是一種自然；其二則是如果父母遺體的變化不是傷害而是自然，那麼到底是入土才安？抑或是回歸自然方是真正的安？就第一個問題而言，莊子認為與其說遺體的變化是一種傷害，倒不如說是一種自然。因為，我們找不到不變化的遺體。就第二個問題而言，莊子認為人子真的要心安不是把父母的遺體埋葬在土中，而是回歸自然。唯有回歸自然，人子的心方能獲得真正的安。否則在土中，人子的心猶然是會擔心受怕。

根據上述兩個問題的澄清之後，莊子認為我們根本無需擔心父母遺體的變化。因為，那樣的變化完全是一種生理自然的反應，並非歸咎於我們保護不周的反應。此外，我們也無需刻意用埋葬的方式來讓我們自己心安。因為，無論我們埋得有多深，這樣的埋葬皆不能確保我們的心安。如果我們意圖掌握真正的心安，那麼最好的方式即是回歸自然，不與自然隔離。當

我們不再與自然隔離之時，我們必然能與自然真正的合一，也因此而回歸到自然本身。此時，我們的安才能從相對的安進入絕對的安。

　　基於上述的理解，我們即會發現綠色殯葬如果真要安頓我們的生死，那麼即必須像莊子那樣的理解自然，既不能從物質存在的角度來理解自然，亦不能從形上實體的角度來理解自然，而只能從作用保存的角度來理解自然。經過這樣的理解過程，我們即會知道殯葬處理並不只是一種死亡的處理方式，亦是一種生命自我實現的表達方式。只有真正自由的人，方能完全悠遊於烏何有的自然之鄉當中。

參考文獻

一、專書部分

內政部編印（2004）。《殯葬管理法令彙編》。台北：內政部。

王邦雄（1999）。《21世紀的儒道——儒道兩家思想的現代出路》。台北：立緒文化事業有限公司。

王曾才（2015）。《世界通史》。台北：三民書局股份有限公司。

布魯格編著，項退結編譯（1976）。《西洋哲學辭典》。台北：先知出版社。

牟宗三（1983）。《中國哲學十九講——中國哲學之簡述及其所涵蘊之問題》。台北：台灣學生書局。

吳汝鈞（1998）。《老莊哲學的現代析論》。台北：文津出版社。

吳康（1969）。《老莊哲學》。台北：臺灣商務印書館。

李文昭譯（2013）。瑞秋・卡森（Rachel Carson）著。《寂靜的春天》。台中：晨星出版有限公司。

李偉俠（2005）。《知識與權力——對科學主義的反思》。台北：揚智文化公司。

李霞（2004）。《生死智慧——道家生命觀研究》。北京：人民出版社。

沈清松（1997）。《論心靈與自然關係之重建》。台北：立緒文化公司。

徐吉軍（1998）。《中國喪葬史》。江西：江西高校出版社。

尉遲淦（2003）。《生命尊嚴與殯葬改革》。台北：五南圖書出版公司。

尉遲淦（2007）。《生命倫理》。台北：華都文化事業有限公司。

郭穎頤（1998）。《中國現代思想中的唯科學主義》，南京：江蘇人民出版社。

〔清〕郭慶藩。《莊子集釋》。北京：中華書局，1961年，頁1063。

陳鼓應（1975）。《莊子哲學探究》。台北：作者自版。

綠色殯葬

陳鼓應（1992）。《老莊新論》。上海：古籍出版社。

陳嘉映等譯（1997）。阿爾‧戈爾（Al Gore）。《瀕臨失衡的地球——生態與人類精神》。北京：中央編譯出版社。

傅偉勳（1993）。《生命的尊嚴與死亡的尊嚴》。台北：正中書局。

楊樹達（2009）。《漢代婚喪禮俗考》。上海：上海古籍出版社。

錢穆（1971）。《莊老通辯》。台北：三民書局。

二、期刊論文部分

林德光（1995）。〈科學預測與社會經濟效益〉。《華南熱帶作物學院學報》，第1卷第1期，1995年6月。

邱達能（2015）。〈對台灣綠色殯葬的省思〉。《2015年第一屆生命關懷國際學術研討會暨產學合作論壇論文集》，2015年12月。

尉遲淦（1998）。〈生死學與通識教育〉。《通識教育季刊》，第5卷第3期，1998年8月。

尉遲淦（2007）。〈論莊子的生死觀〉。《第27次中國學國際學術大會論文集》。首爾：韓國中國學會。

尉遲淦（2013）。〈從儒家觀點省思殯葬禮俗的重生問題〉。《儒學的當代發展與未來前瞻——第十屆當代新儒學國際學術會議論文集》。深圳：深圳大學。

尉遲淦（2014）。〈科學的生死觀及其限度〉。《2014輔英通識嘉年華學術研討會——通識學術理論類與教學實務類研討會》。高雄：輔英科技大學共同教育中心。

尉遲淦（2014）。〈從儒家觀點探討傳統殯葬禮俗如何適用於後現代社會的問題〉。《第二屆當代國際儒學會議——儒學與當代文明》。中壢：中央大學儒學研究中心。

尉遲淦（2014）。〈殯葬服務與綠色殯葬〉。《103年度全國殯葬專業職能提升研習會》。苗栗：中華民國葬儀商業同業公會全國聯合會、仁德醫護管理專科學校。

三、碩博士論文部分

邱達能（2007）。《從莊子哲學的觀點論自然葬》。華梵大學哲學系碩士
　　論文。

郭慧娟（2009）。《臺灣自然葬現況研究──以禮儀及設施為主要課
　　題》。南華大學生死學研究所碩士論文。

四、網路部分

內政部全國殯葬資訊入口網，http://mort.moi.gov.tw/frontsite/cms/
　　newsAction.do?method=viewContentDetail&iscancel=true&contentId=
　　MjUzNg==

台灣WIKI科學主義條目，http://www.twwiki.com/wiki/%E7%A7%91%E5
　　%AD%B8%E4%B8%BB%E7%BE%A9

左左（2013），〈日本重金屬汙染事件啟示錄〉，2013年6月2日，
　　《羊城晚報》，金羊網，http://big5.ycwb.com/culture/2013-06/02/
　　content_4499938.htm

自然之友（2001），〈英國倫敦煙霧事件〉，2001年12月7日，摘自《20
　　世紀環境警示錄》，人民網，http://www.people.com.cn/BIG5/huanb
　　ao/259/6899/6900/20011207/621638.html

自然之友（2001），〈聯合國關於環境問題的《內羅畢宣言》〉，2001年
　　12月21日，摘自《20世紀環境警示錄》，人民網，http://www.people.
　　com.cn/BIG5/huanbao/55/20011221/632018.html

張珊珊（2013），〈英國工業革命帶來的負效應〉，2013年5月14日，
　　《吉林日報》，人民網，https://zh.wikipedia.org/wiki/%E7%AC%AC
　　%E4%BA%8C%E6%AC%A1%E5%B7%A5%E4%B8%9A%E9%9D%
　　A9%E5%91%BD

維基文庫聯合國人類環境宣言條目，https://zh.wikisource.org/zh-hant/%E

8%81%94%E5%90%88%E5%9B%BD%E4%BA%BA%E7%B1%BB
%E7%8E%AF%E5%A2%83%E5%AE%A3%E8%A8%80%EF%BC%
881972%E5%B9%B4%E6%96%AF%E5%BE%B7%E5%93%A5%E5
%B0%94%E6%91%A9%E5%AE%A3%E8%A8%80%EF%BC%89

維基百科工業革命條目，https://zh.wikipedia.org/zh-tw/%E5%B7%A5%E4
%B8%9A%E9%9D%A9%E5%91%BD

維 基 百 科 天 狗 條 目 ， h t t p s : / / z h . w i k i p e d i a . o r g / z h -
tw/%E5%A4%A9%E7%8B%97_(%E4%B8%AD%E5%9C%8B)

維 基 百 科 生 態 葬 條 目 ， h t t p s : / / z h . w i k i p e d i a . o r g / z h -
tw/%E7%94%9F%E6%80%81%E8%91%AC

維基百科里約環境與發展宣言條目，https://zh.wikipedia.org/zh-tw/%E9%8
7%8C%E7%B4%84%E7%92%B0%E5%A2%83%E8%88%87%E7%99
%BC%E5%B1%95%E5%AE%A3%E8%A8%80

維基百科科學主義條目，https://zh.wikipedia.org/zh-tw/%E7%A7%91%E5
%AD%A6%E4%B8%BB%E4%B9%89

維基百科第二次工業革命條目，https://zh.wikipedia.org/wiki/%E7%AC%A
C%E4%BA%8C%E6%AC%A1%E5%B7%A5%E4%B8%9A%E9%9D
%A9%E5%91%BD

生命關懷事業叢書

綠色殯葬

作　　者／邱達能
出　版　者／揚智文化事業股份有限公司
發　行　人／葉忠賢
總　編　輯／閻富萍
特約執編／鄭美珠
地　　址／新北市深坑區北深路三段 260 號 8 樓
電　　話／(02)8662-6826
傳　　真／(02)2664-7633
網　　址／http://www.ycrc.com.tw
 E-mail ／ service@ycrc.com.tw
 I S B N ／ 978-986-298-251-8
初版一刷／ 2017 年 3 月
定　　價／新台幣 220 元

國家圖書館出版品預行編目資料

綠色殯葬 / 邱達能著. -- 初版. -- 新北市 ：
揚智文化, 2017.03
　　面；　公分. -- (生命關懷事業叢書)

　　ISBN　978-986-298-251-8（平裝）

　　1.殯葬業 2.喪禮

489.66　　　　　　　　　　　　106003290